人氣刺繡師
超可愛刺繡作品 740 款

北村絵里
tam-ram（田村里香）
千葉美波子
マカベアリス

刺繡寶盒

Embroidery of treasure chest

本書以「我珍視的事物」、「寶物」為主題，
由 4 位刺繡師自由創作出刺繡作品。

花朵、葉片、
飽滿的果實、鳥兒的羽毛……
我收集了來自大自然的小贈禮。

マカベアリス的寶盒

Alice Makabe

刺繡針法 ▶ p.146

北村繪里的寶盒

Eri Kitamura

刺繡針法 ▶ p.148

將腦海裡浮現出的形狀或線條
畫成一圈又一圈的草圖。
將想法轉化成具體主題的過程，
真是幸福的時光。

tam-ram 的寶盒

Rika Tamura

刺繡針法 ▶ p.150

從小就很喜愛的東西，
做給自己的東西，
做給孩子的東西，
以及為了紀念家庭而做的東西。

千葉美波子的寶盒
Minako Chiba

刺繡針法 ▶ p.145、146

外國郵票的主題是形形色色的生物。

任何生物都能透過刺繡來呈現，

展現出令人意想不到的魅力與生命光輝。

Contents

3 tam-ram（田村里香）

4 千葉美波子

Contents

刺繡針法圖鑑

本書刺繡圖案頁的使用方式

● 本書第 14 頁到第 115 頁中的刺繡小圖案，不論刺繡或插圖，全都是成品的實際大小。

● 刺繡針法頁面中的插圖會依序以紅色文字標示出繡線的色號、股數（～股）及針法。當該頁出現太多相同的繡線股數或相同針法時，則另外在頁面的邊緣附上「除指定部分外～」的註解。
每一種針法名稱皆省略「針法／繡」一詞。例如，「緞面繡」以「緞面」表示。

● 書中的刺繡作品皆採用 25 號刺繡線，請參考 p.153 說明。繡線的色號會根據廠商的不同而有所差異。頁面邊緣的地方有另外提供繡線的製造商名稱，準備繡線時，請留意不要搞錯了。

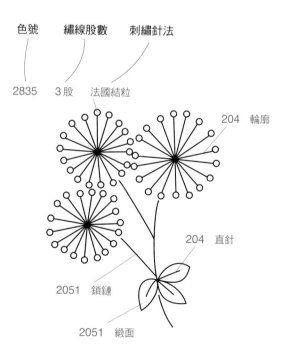

色號　　繡線股數　　刺繡針法

2835　　3 股　　法國結粒

204　輪廓

204　直針

2051　鎖鏈

2051　緞面

マカベアリス

Alice Makabe

Alice Makabe

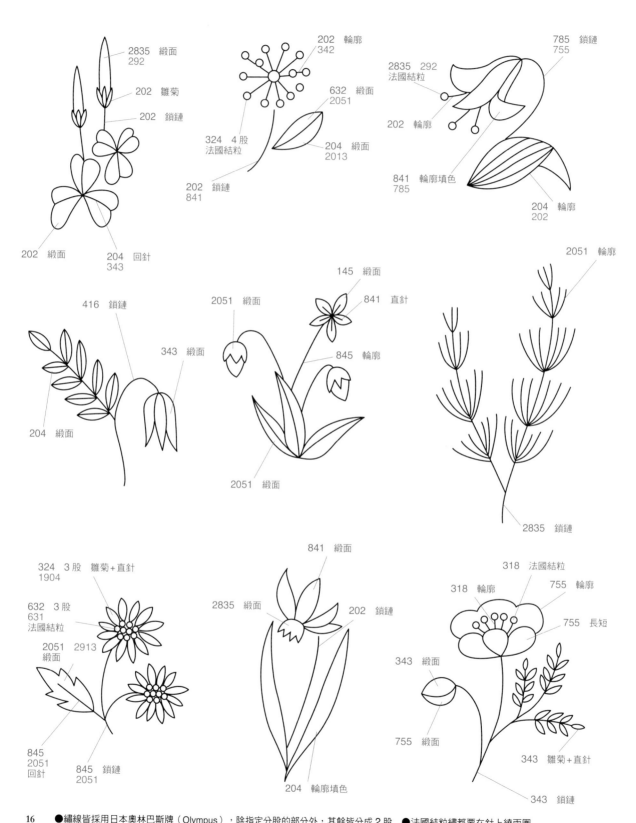

2835 緞面
292

202 雛菊

202 鎖鏈

202 緞面

204 回針
343

202 輪廓
342

324 4 股
法國結粒

202 鎖鏈
841

632 緞面
2051

204 緞面
2013

785 鎖鏈
755

2835 292
法國結粒

202 輪廓

841 輪廓填色
785

204 輪廓
202

416 鎖鏈

343 緞面

204 緞面

2051 緞面

145 緞面

841 直針

845 輪廓

2051 緞面

2051 輪廓

2835 鎖鏈

324 3 股 雛菊＋直針
1904

632 3 股
631
法國結粒

2051 2913
緞面

845
2051
回針

845 鎖鏈
2051

841 緞面

2835 緞面

202 鎖鏈

204 輪廓填色

318 法國結粒

318 輪廓

755 輪廓

755 長短

343 緞面

755 緞面

343 雛菊＋直針

343 鎖鏈

●繡線皆採用日本奧林巴斯牌（Olympus），除指定分股的部分外，其餘皆分成 2 股　●法國結粒繡都要在針上繞兩圈
●藍色文字為 p.133 中的小物所使用的色號

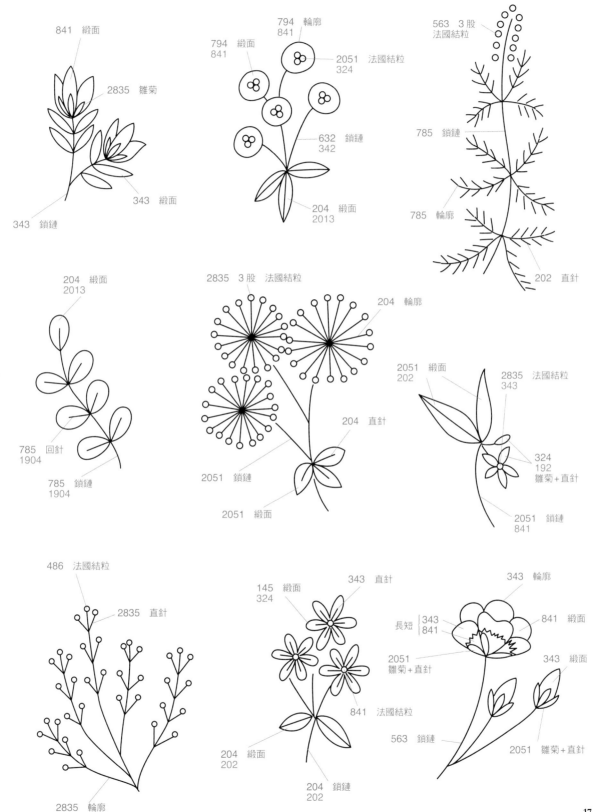

841　緞面

2835　雛菊

343　緞面

343　鎖鏈

794　緞面
841

794　輪廓
841

2051　法國結粒
324

632　鎖鏈
342

204　緞面
2013

563　3股
法國結粒

785　鎖鏈

785　輪廓

202　直針

204　緞面
2013

785　回針
1904

785　鎖鏈
1904

2835　3股　法國結粒

204　輪廓

204　直針

2051　鎖鏈

2051　緞面

2051　緞面
202

2835　法國結粒
343

324
192
雛菊+直針

2051　鎖鏈
841

486　法國結粒

2835　直針

2835　輪廓

145　緞面
324

343　直針

長短 343
841

2051
雛菊+直針

841　法國結粒

204　緞面
202

204　鎖鏈
202

343　輪廓

841　緞面

343　緞面

563　鎖鏈

2051　雛菊+直針

17

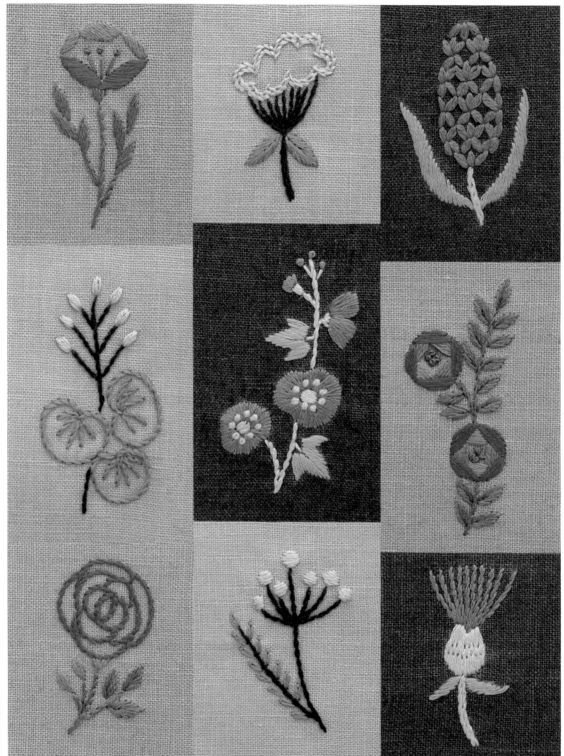

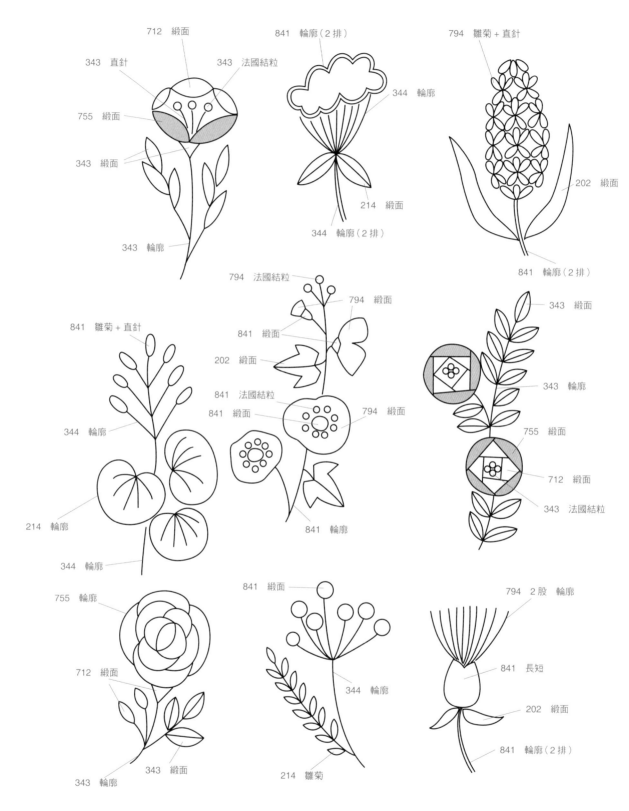

712 緞面
343 直針
343 法國結粒
755 緞面
343 緞面
343 輪廓

841 輪廓（2 排）
344 輪廓
214 緞面
344 輪廓（2 排）

794 雛菊 + 直針
202 緞面
841 輪廓（2 排）

841 雛菊 + 直針
344 輪廓
214 輪廓
344 輪廓

794 法國結粒
794 緞面
841 緞面
202 緞面
841 法國結粒
841 緞面
794 緞面
841 輪廓

343 緞面
343 輪廓
755 緞面
712 緞面
343 法國結粒

755 輪廓
712 緞面
343 緞面
343 輪廓

841 緞面
344 輪廓
214 雛菊

794 2 股 輪廓
841 長短
202 緞面
841 輪廓（2 排）

●繡線皆採用日本奧林巴斯牌（Olympus），除指定分股的部分外，其餘皆分成 3 股　●法國結粒繡都要在針上繞兩圈

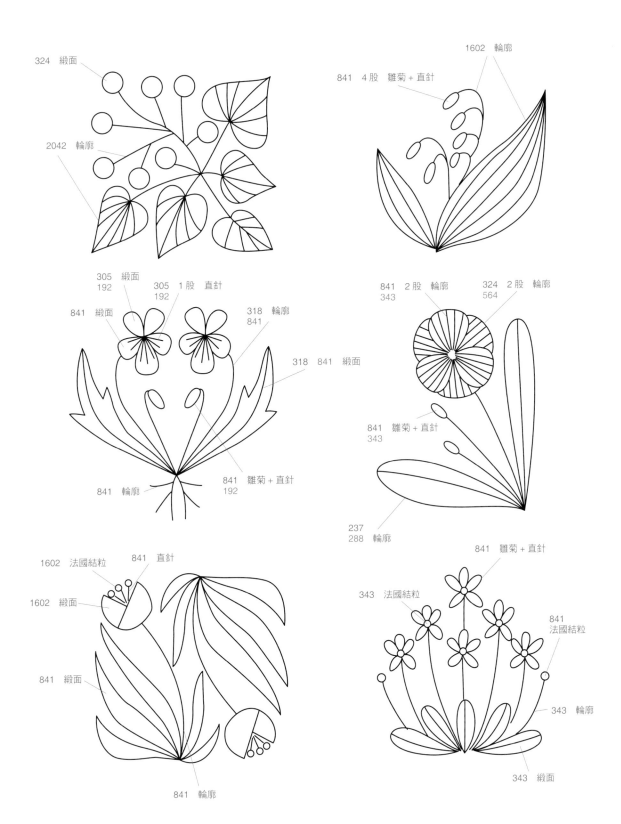

324　緞面

2042　輪廓

1602　輪廓

841　4 股　雛菊 + 直針

305　緞面
192

305　1 股　直針
192

841　緞面

318　輪廓
841

318　841　緞面

841　雛菊 + 直針
192

841　輪廓

841　2 股　輪廓
343

324　2 股　輪廓
564

841　雛菊 + 直針
343

237
288　輪廓

1602　法國結粒

841　直針

1602　緞面

841　緞面

841　輪廓

841　雛菊 + 直針

343　法國結粒

841
法國結粒

343　輪廓

343　緞面

Alice Makabe

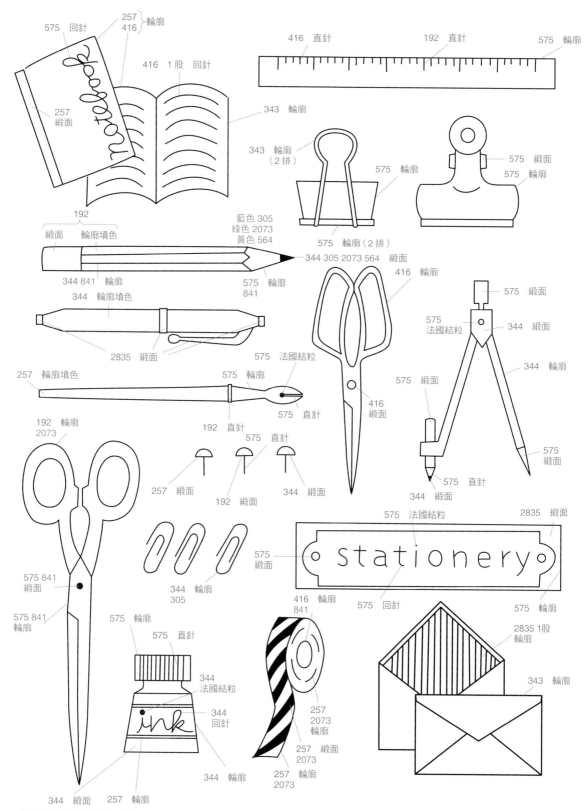

575 回針
257 緞面
257 416 輪廓
416 1股 回針
416 直針
192 直針
575 輪廓
343 輪廓
343 輪廓（2排）
575 輪廓
575 緞面
575 輪廓
575 輪廓（2排）
192
緞面 輪廓填色
藍色 305
綠色 2073
黃色 564
344 305 2073 564 緞面
344 841 輪廓
575 841 輪廓
344 輪廓填色
2835 緞面
416 輪廓
575 緞面
575 法國結粒
344 緞面
344 輪廓
257 輪廓填色
575 輪廓
575 法國結粒
192 直針
575 直針
416 緞面
192 輪廓 2073
575 緞面
575 直針
344 緞面
575 緞面
575 直針
344 緞面
257 緞面
192 緞面
344 緞面
575 法國結粒
2835 緞面
575 841 緞面
344 輪廓 305
575 緞面
stationery
575 輪廓
575 841 輪廓
416 輪廓 841
2835 1股 輪廓
575 輪廓
343 輪廓
575 輪廓
575 直針
344 法國結粒
344 回針
257 2073 輪廓
257 緞面 2073
344 緞面
257 輪廓
344 輪廓
257 2073 輪廓

●繡線皆採用日本奧林巴斯牌，除指定分股的部分外，其餘皆分成 2 股　●法國結粒繡都要在針上繞兩圈
●藍色文字為 p.132 中的小物所使用的色號

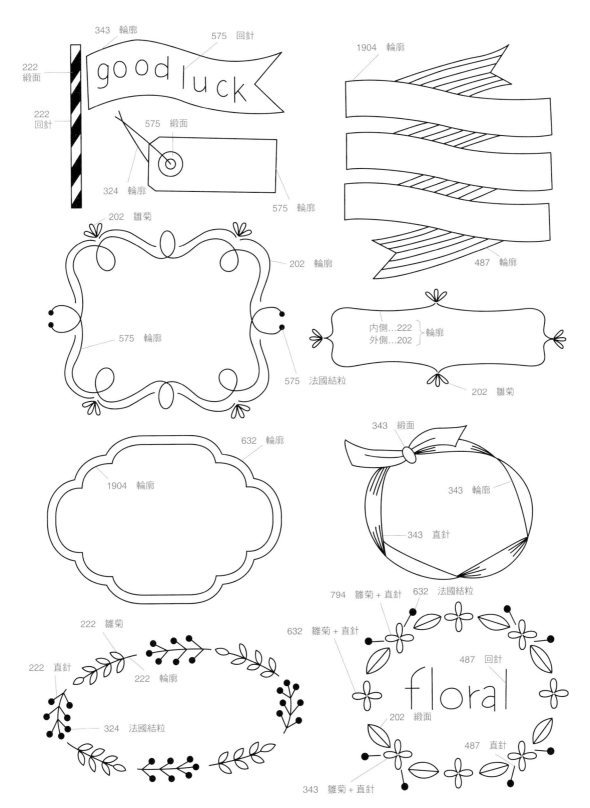

343 輪廓
575 回針
222 緞面
222 回針
575 緞面
324 輪廓
575 輪廓
1904 輪廓
487 輪廓
202 雛菊
202 輪廓
575 輪廓
575 法國結粒
內側…222
外側…202 輪廓
202 雛菊
632 輪廓
1904 輪廓
343 緞面
343 輪廓
343 直針
794 雛菊＋直針
632 法國結粒
632 雛菊＋直針
487 回針
202 緞面
487 直針
343 雛菊＋直針
222 雛菊
222 輪廓
222 直針
324 法國結粒

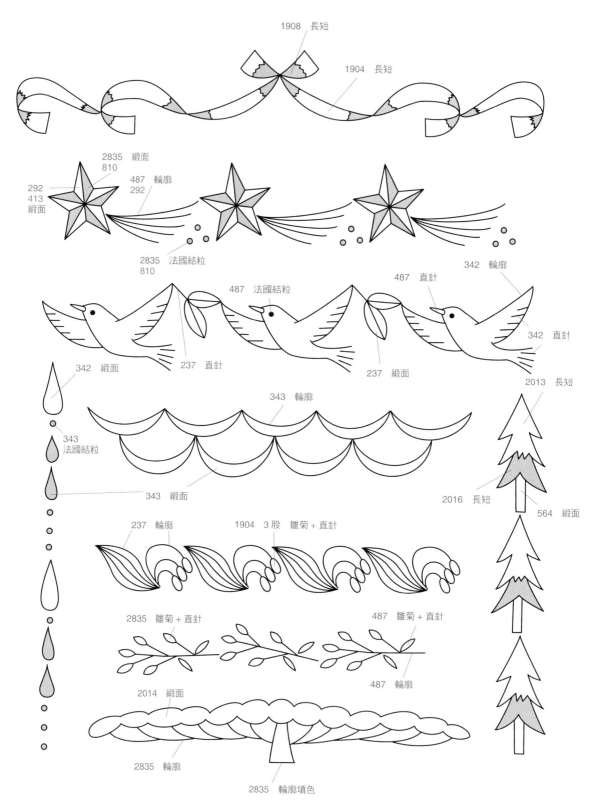

1908　長短
1904　長短
2835　緞面
810
292　輪廓
292
413
緞面
487　輪廓
2835　法國結粒
810
487　法國結粒
342　輪廓
487　直針
342　直針
342　緞面
237　直針
237　緞面
2013　長短
343　輪廓
343
法國結粒
2016　長短
343　緞面
564　緞面
237　輪廓
1904　3 股　雛菊 + 直針
2835　雛菊 + 直針
487　雛菊 + 直針
487　輪廓
2014　緞面
2835　輪廓
2835　輪廓填色

　●繡線皆採用日本奧林巴斯牌，除指定分股的部分外，其餘皆分成 2 股　●法國結粒繡都要在針上繞兩圈
●藍色文字為 p.132 中的小物所使用的色號

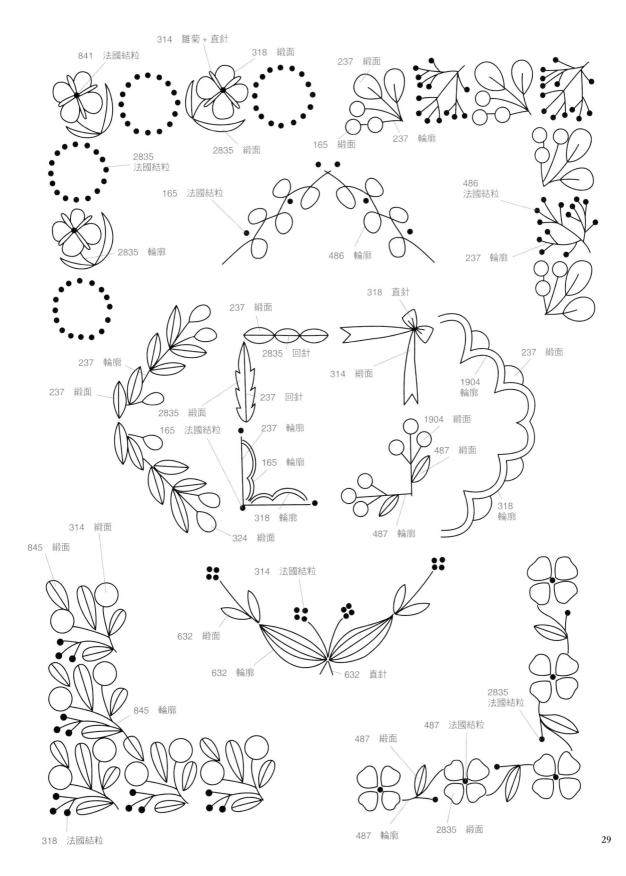

841 法國結粒

314 雛菊 + 直針

318 緞面

237 緞面

2835 法國結粒

2835 緞面

165 緞面

165 法國結粒

237 輪廓

2835 輪廓

486 輪廓

486 法國結粒

237 輪廓

237 輪廓

237 緞面

2835 回針

237 回針

2835 緞面

165 法國結粒

237 輪廓

165 輪廓

318 輪廓

324 緞面

318 直針

314 緞面

1904 輪廓

1904 緞面

487 緞面

487 輪廓

237 緞面

318 輪廓

314 緞面

845 緞面

314 法國結粒

632 緞面

632 輪廓

632 直針

845 輪廓

2835 法國結粒

318 法國結粒

487 緞面

487 法國結粒

487 輪廓

2835 緞面

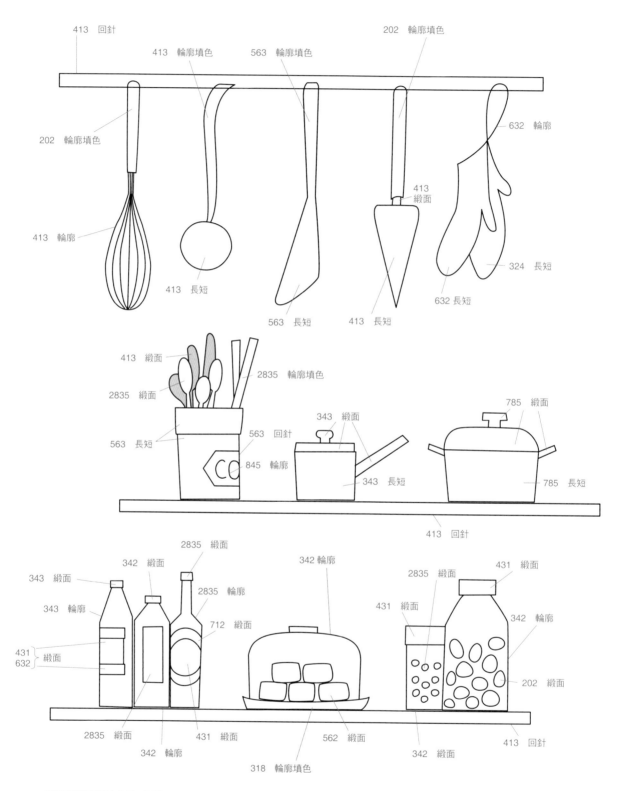

413 回針

413 輪廓填色

563 輪廓填色

202 輪廓填色

202 輪廓填色

632 輪廓

413 緞面

413 輪廓

413 長短

324 長短

563 長短

413 長短

632 長短

413 緞面

2835 輪廓填色

2835 緞面

343 緞面

785 緞面

563 長短

563 回針

845 輪廓

343 長短

785 長短

413 回針

2835 緞面

342 緞面

342 輪廓

431 緞面

343 緞面

2835 輪廓

2835 緞面

343 輪廓

712 緞面

431 緞面

342 輪廓

431
632 緞面

202 緞面

2835 緞面

431 緞面

562 緞面

342 緞面

342 輪廓

413 回針

318 輪廓填色

　●繡線皆採用日本奧林巴斯牌，分成 2 股　●法國結粒繡都要在針上繞兩圈

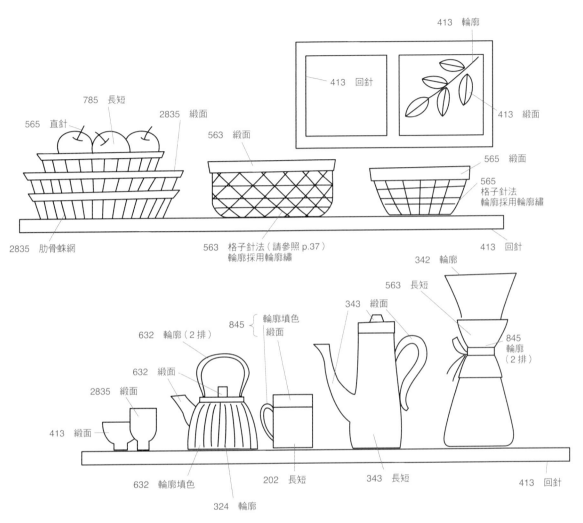

413 輪廓

413 回針

413 緞面

565 緞面

565 格子針法 輪廓採用輪廓繡

413 回針

785 長短

565 直針

2835 緞面

563 緞面

2835 肋骨蛛網

563 格子針法（請參照 p.37） 輪廓採用輪廓繡

342 輪廓

563 長短

343 緞面

845 輪廓填色 緞面

845 輪廓 （2排）

632 輪廓（2排）

632 緞面

2835 緞面

413 緞面

632 輪廓填色

202 長短

343 長短

413 回針

324 輪廓

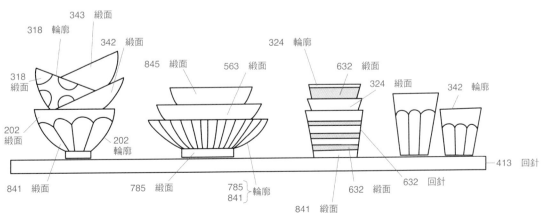

343 緞面

318 輪廓

342 緞面

318 緞面

845 緞面

563 緞面

324 輪廓

632 緞面

324 緞面

342 輪廓

202 緞面

202 輪廓

413 回針

841 緞面

785 緞面

785 841 輪廓

632 緞面

632 回針

841 緞面

33

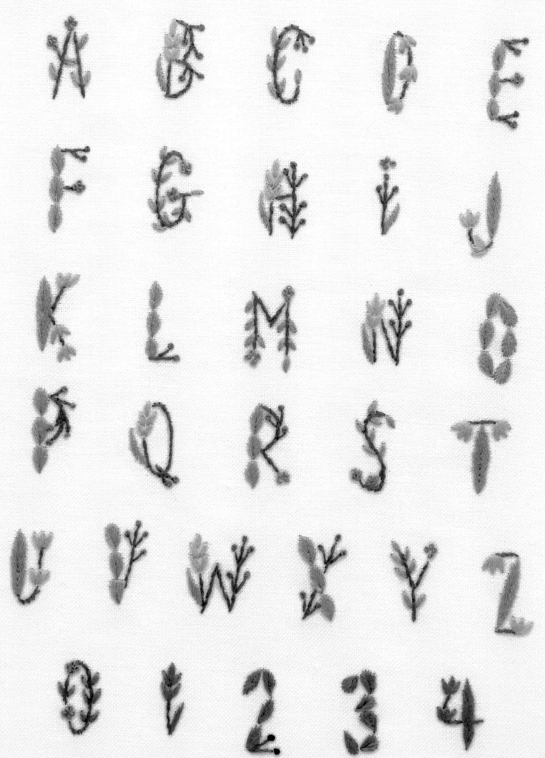

Alice Makabe

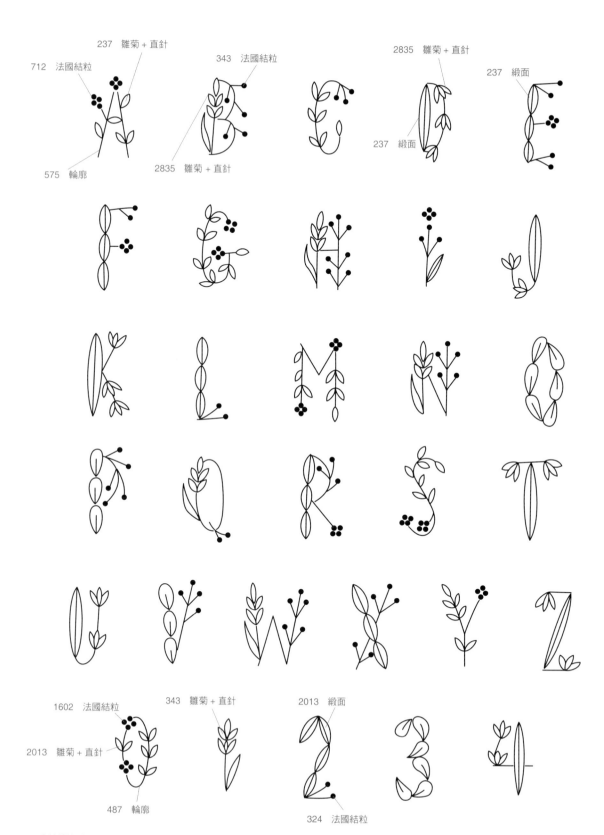

237　雛菊 + 直針

712　法國結粒

343　法國結粒

2835　雛菊 + 直針

237　緞面

237　緞面

575　輪廓

2835　雛菊 + 直針

1602　法國結粒

343　雛菊 + 直針

2013　緞面

2013　雛菊 + 直針

487　輪廓

324　法國結粒

　●繡線皆採用日本奧林巴斯牌，分成 2 股　●法國結粒繡都要在針上繞兩圈

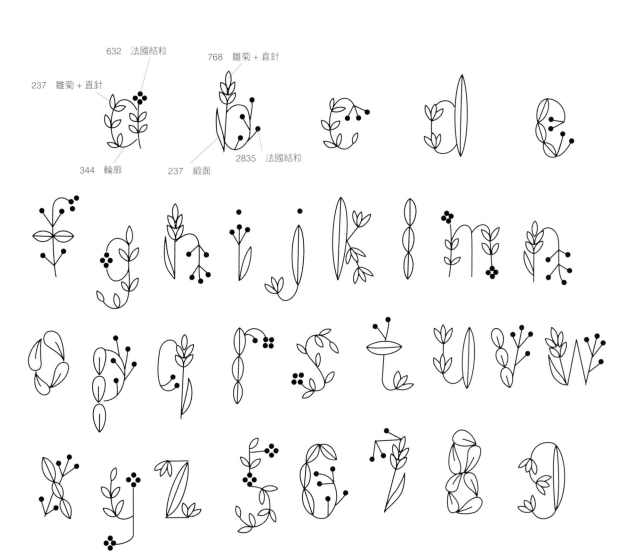

632　法國結粒

768　雛菊＋直針

237　雛菊＋直針

344　輪廓

237　緞面

2835　法國結粒

格子針法 （格子的方向或數量，依據圖案來調整）

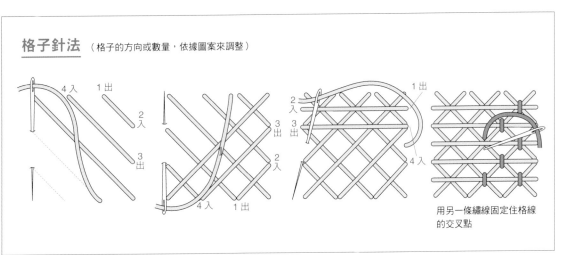

4入　　1出

2入

3入

3出

2入

2入

4入　　1出

2出

3出

1出

2入

3入

4入

用另一條繡線固定住格線
的交叉點

マカベアリス

*

刺繡與我

我從小就很喜歡動手做東西，所以很熱衷於編織物品或西式縫紉等手工藝。後來，就在我開始摸索「最適合自己的事物」時，我和刺繡相遇了。我刺著花花草草或鳥兒，希望在季節的流動中感受到一股小小的喜悅或感動，我希望能將這些感受化為具體事物，於是每天穿針引線。

刺繡寶盒 ▶ p.2

散步的路上看見的小花或小草，隨風搖曳的樹葉，在晨光中鳴叫的鳥兒，對我來說這些全都是來自大自然的贈禮，這些如寶物般的事物是我的刺繡創作主題。在持續刺繡的過程中，閃著柔和光澤的花草或鳥兒浮現了出來，和它們相遇的那一刻，就是無比幸福的瞬間。

北村絵里

Eri Kitamura

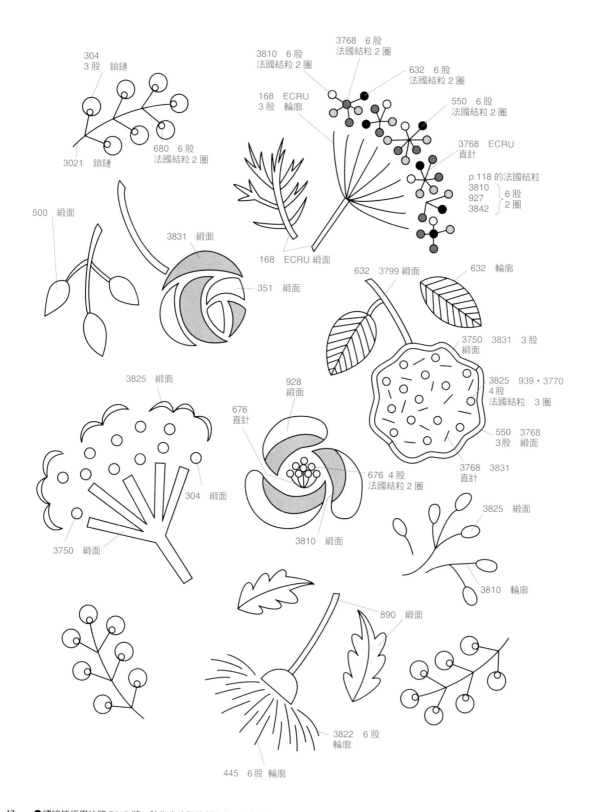

304
3 股 鎖鏈

3021 鎖鏈

680 6 股
法國結粒 2 圈

3810 6 股
法國結粒 2 圈

3768 6 股
法國結粒 2 圈

632 6 股
法國結粒 2 圈

168 ECRU
3 股 輪廓

550 6 股
法國結粒 2 圈

3768 ECRU
直針

p.118 的法國結粒
3810
927 } 6 股
3842 2 圈

500 緞面

3831 緞面

351 緞面

168 ECRU 緞面

632 3799 緞面

632 輪廓

3750 3831 3 股
緞面

3825 939・3770
4 股
法國結粒 3 圈

550 3768
3 股 緞面

3768 3831
直針

3825 緞面

928
緞面

676
直針

676 4 股
法國結粒 2 圈

3810 緞面

304 緞面

3750 緞面

3825 緞面

3810 輪廓

890 緞面

3822 6 股
輪廓

445 6 股 輪廓

●繡線皆採用法國 DMC 牌，除指定分股的部分外，其餘皆分成 2 股　●藍色文字為 p.118 中的小物所使用的色號

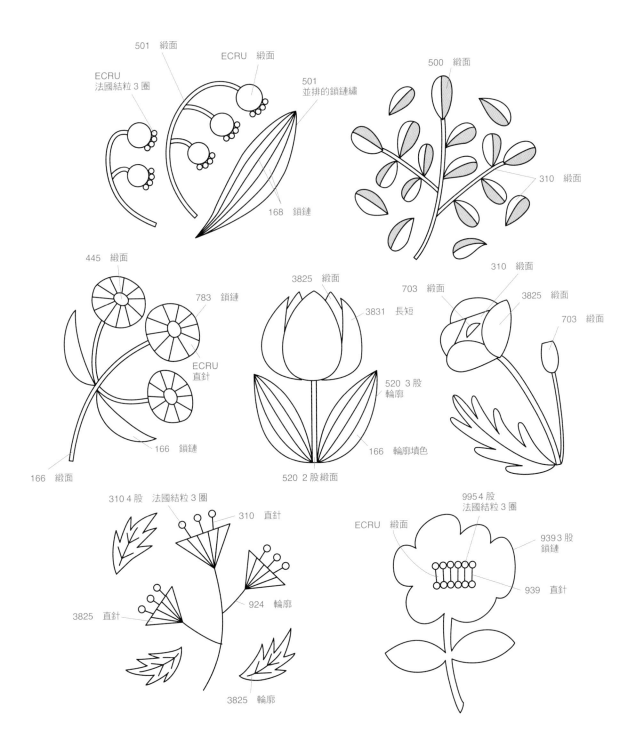

501 緞面
ECRU 緞面
ECRU 法國結粒 3 圈
501 並排的鎖鏈繡
168 鎖鏈
500 緞面
310 緞面

445 緞面
783 鎖鏈
ECRU 直針
166 鎖鏈
166 緞面
3825 緞面
3831 長短
520 3 股 輪廓
166 輪廓填色
520 2 股緞面
703 緞面
310 緞面
3825 緞面
703 緞面

310 4 股
法國結粒 3 圈
310 直針
3825 直針
924 輪廓
3825 輪廓
995 4 股 法國結粒 3 圈
ECRU 緞面
939 3 股 鎖鏈
939 直針

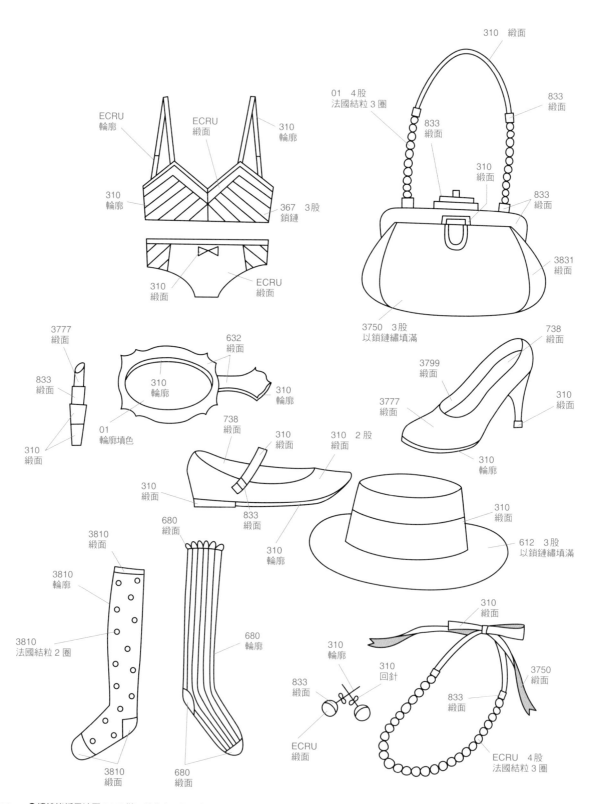

ECRU
輪廓

ECRU
緞面

310
輪廓

310
輪廓

367　3股
鎖鏈

310
緞面

ECRU
緞面

310　緞面

01　4股
法國結粒3圈

833
緞面

833
緞面

310
緞面

833
緞面

3831
緞面

3750　3股
以鎖鏈繡填滿

3777
緞面

833
緞面

310
緞面

632
緞面

310
輪廓

310
輪廓

01
輪廓填色

738
緞面

310
緞面

310　2股
緞面

738
緞面

3799
緞面

3777
緞面

310
緞面

310
輪廓

310
緞面

833
緞面

310
輪廓

310
緞面

612　3股
以鎖鏈繡填滿

3810
緞面

3810
輪廓

3810
法國結粒2圈

680
緞面

680
輪廓

310
緞面

310
緞面

833
緞面

ECRU
緞面

310
緞面

3810
緞面

680
緞面

3750
緞面

833
緞面

ECRU　4股
法國結粒3圈

　●繡線皆採用法國 DMC 牌，除指定分股的部分外，其餘皆分成 2 股

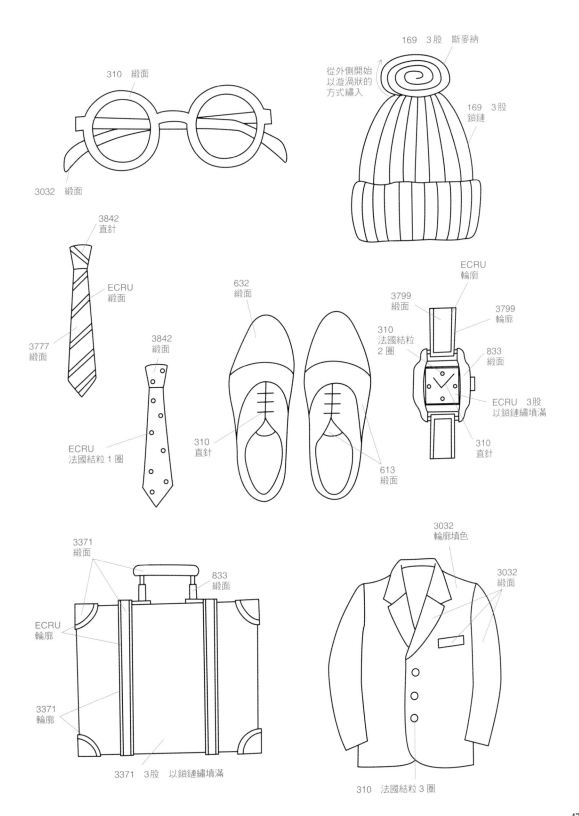

310 緞面

3032 緞面

169 3股 斯麥納

從外側開始
以漩渦狀的
方式繡入

169 3股
鎖鏈

3842
直針

ECRU
緞面

3777
緞面

3842
緞面

ECRU
法國結粒1圈

632
緞面

310
直針

613
緞面

ECRU
輪廓

3799
緞面

310
法國結粒
2圈

3799
輪廓

833
緞面

ECRU 3股
以鎖鏈繡填滿

310
直針

3371
緞面

833
緞面

ECRU
輪廓

3371
輪廓

3371 3股 以鎖鏈繡填滿

3032
輪廓填色

3032
緞面

310 法國結粒3圈

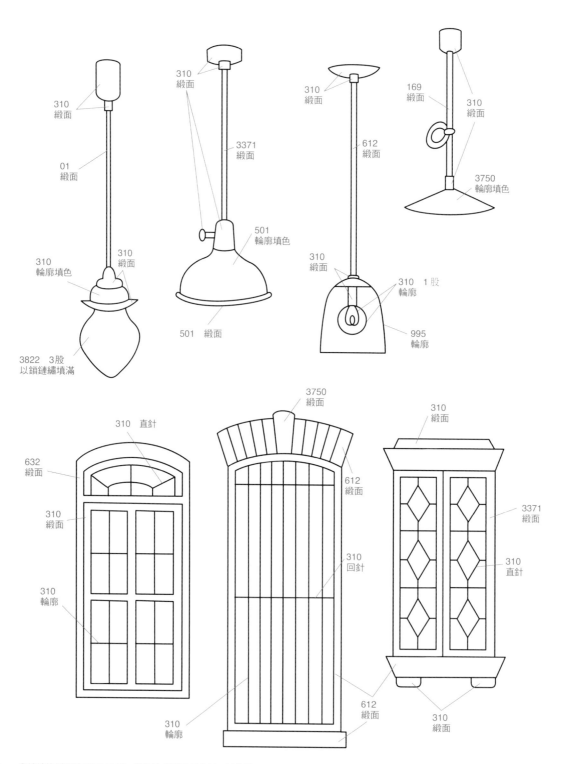

310
緞面

310
緞面

310
緞面

310
緞面

169
緞面

310
緞面

3371
緞面

612
緞面

01
緞面

501
輪廓填色

310
輪廓填色

310
緞面

3750
輪廓填色

310
緞面

310 1股
輪廓

3822 3股
以鎖鏈繡填滿

501 緞面

995
輪廓

3750
緞面

310
緞面

310 直針

612
緞面

632
緞面

310
緞面

310
緞面

3371
緞面

310
回針

310
輪廓

310
直針

310
輪廓

612
緞面

310
緞面

310
輪廓

●繡線皆採用法國 DMC 牌，除指定分股的部分外，其餘皆分成 2 股

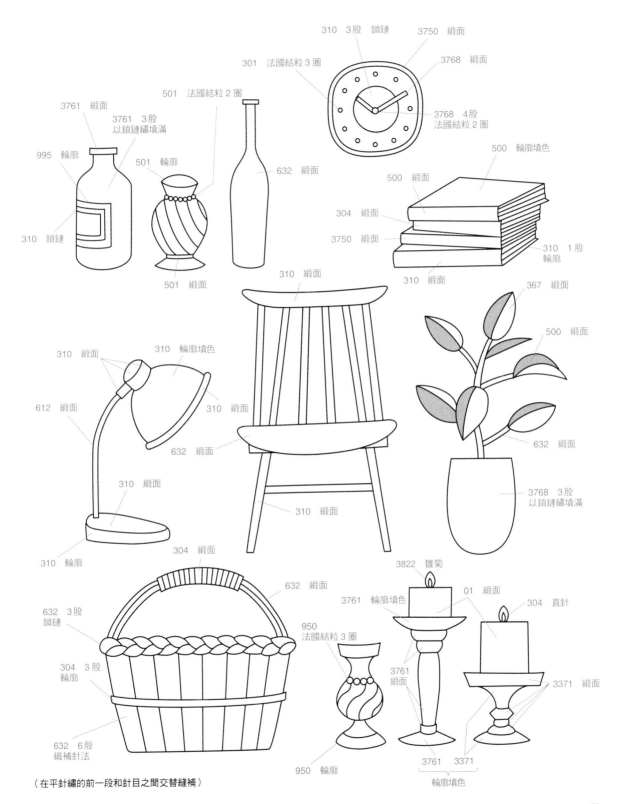

310 3股 鎖鏈　　3750 緞面

301 法國結粒 3 圈　　3768 緞面

3768 4股
法國結粒 2 圈

3761 緞面

3761 3股
以鎖鏈繡填滿

501 法國結粒 2 圈

995 輪廓

501 輪廓

310 鎖鏈

501 緞面

632 緞面

500 輪廓填色

500 緞面

304 緞面

3750 緞面

310 緞面

310 1股
輪廓

310 緞面

367 緞面

500 緞面

310 緞面　　310 輪廓填色

310 緞面　　310 緞面

612 緞面

632 緞面

632 緞面

310 緞面

3768 3股
以鎖鏈繡填滿

310 輪廓

304 緞面

632 緞面

3822 雛菊

01 緞面

304 直針

632 3股
鎖鏈

950
法國結粒 3 圈

3761 輪廓填色

304 3股
輪廓

3761
緞面

3371 緞面

632 6股
織補針法

950 輪廓

3761　3371

輪廓填色

（在平針繡的前一段和針目之間交替縫補）

51

Eri Kitamura

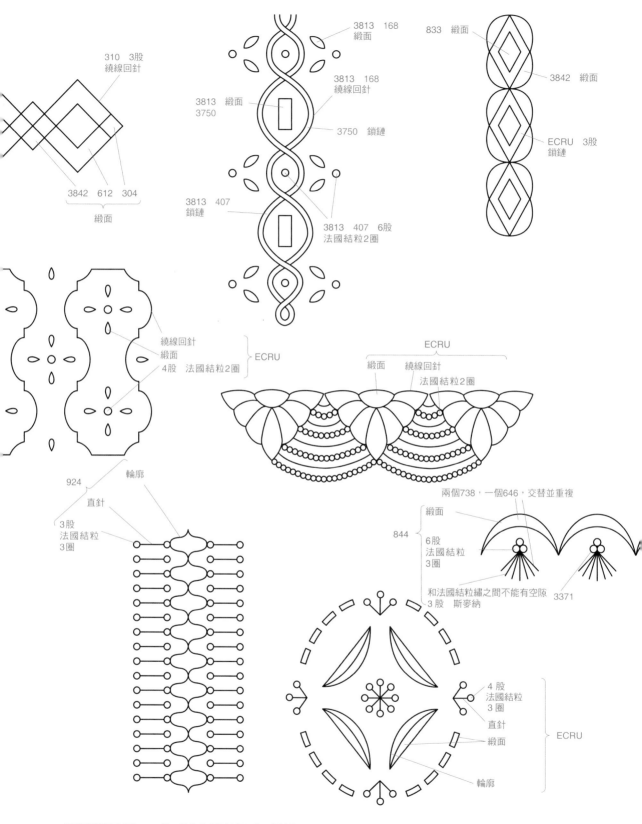

310　3股
繞線回針

3842　612　304
緞面

3813　168
緞面

833　緞面

3842　緞面

3813　168
繞線回針

3813　緞面
3750

3750　鎖鏈

ECRU　3股
鎖鏈

3813　407
鎖鏈

3813　407　6股
法國結粒2圈

繞線回針
緞面
4股　法國結粒2圈

ECRU

ECRU

緞面

繞線回針

法國結粒2圈

924

輪廓

直針

3股
法國結粒
3圈

兩個738，一個646，交替並重複

緞面

844

6股
法國結粒
3圈

和法國結粒繡之間不能有空隙
3股　斯麥納

3371

4股
法國結粒
3圈

直針

緞面

輪廓

ECRU

　●繡線皆採用法國 DMC 牌，除指定分股的部分外，其餘皆分成 2 股　●藍色文字為 p.119、120 中的小物所使用的色號

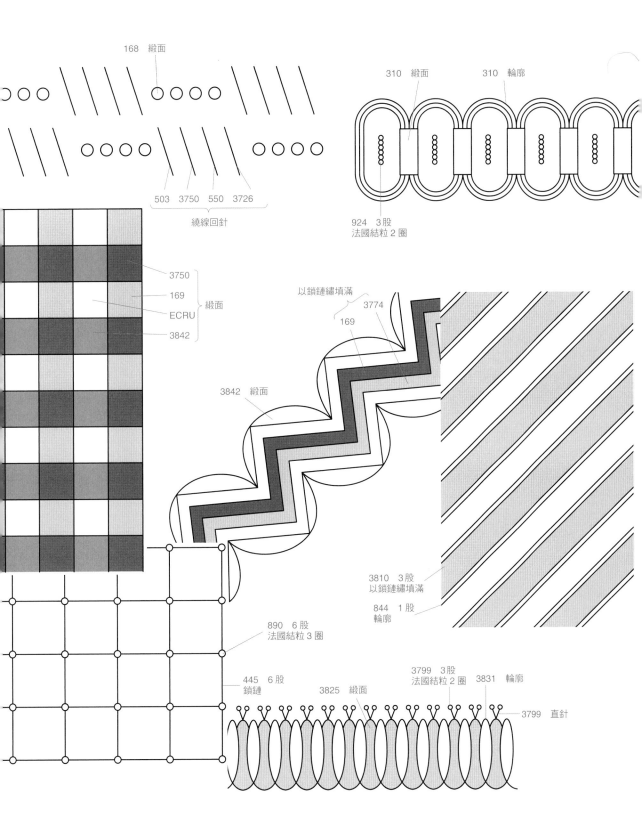

168 緞面

310 緞面　　　310 輪廓

503　3750　550　3726

繞線回針

924　3股
法國結粒 2 圈

3750

169

ECRU

3842

緞面

以鎖鏈繡填滿

169　　3774

3842　緞面

3810　3股
以鎖鏈繡填滿

844　1股
輪廓

890　6股
法國結粒 3 圈

445　6股
鎖鏈

3825　緞面

3799　3股
法國結粒 2 圈

3831　輪廓

3799　直針

刺繡針法 ▶ p.58

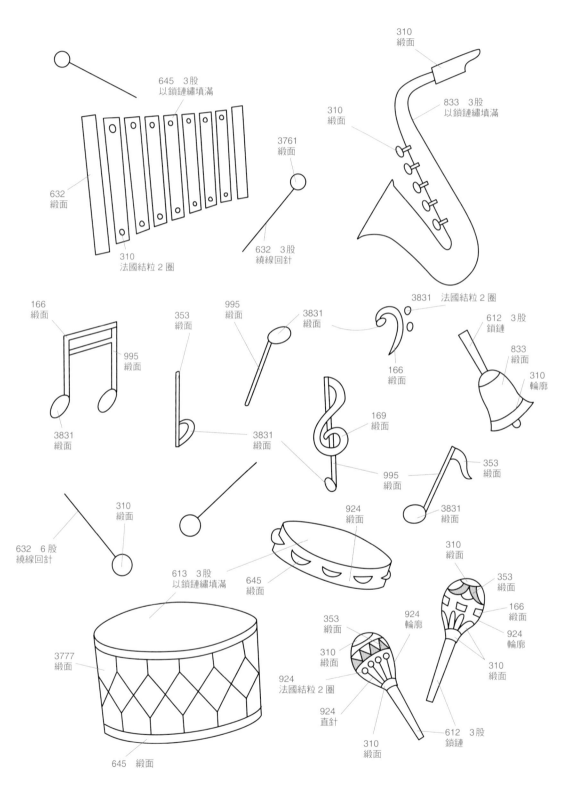

●繡線皆採用法國 DMC 牌，除指定分股的部分外，其餘皆分成 2 股

310 輪廓

310 緞面

833 緞面

612 緞面

3032 緞面

3032 緞面

310 緞面 169

833 3股

924 鎖鏈

924 緞面

3032 緞面

310 緞面

924 169 緞面

924 169 直針

924 169 輪廓

3768 3033 輪廓

3750 3033 直針

310 緞面

310 輪廓

310 緞面

995 緞面

353 緞面

3768、3032、169 3股 法國結粒 2圈

995 輪廓

833 3842 3股 鎖鏈

995 緞面

310 ECRU 緞面

310 ECRU 直針

310 輪廓

353 輪廓

310 緞面

310 法國結粒 3圈

310 直針

632 3股 以鎖鏈繡填滿

310 輪廓

833 3股 以鎖鏈繡填滿

833 鎖鏈

310 法國結粒 3圈

310 緞面

310 直針

310 緞面 4股 法國結粒 3圈

310 緞面

310 緞面

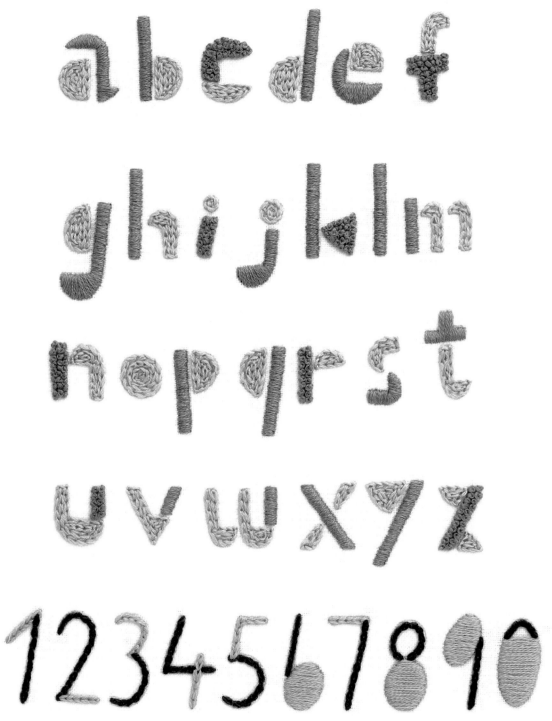

169　4 股
法國結粒 2 圈

3761　3 股
鎖鏈

169
緞面

310
緞面

310　4 股 法國結粒 2 圈

　●繡線皆採用法國 DMC 牌，除指定分股的部分外，其餘皆分成 2 股

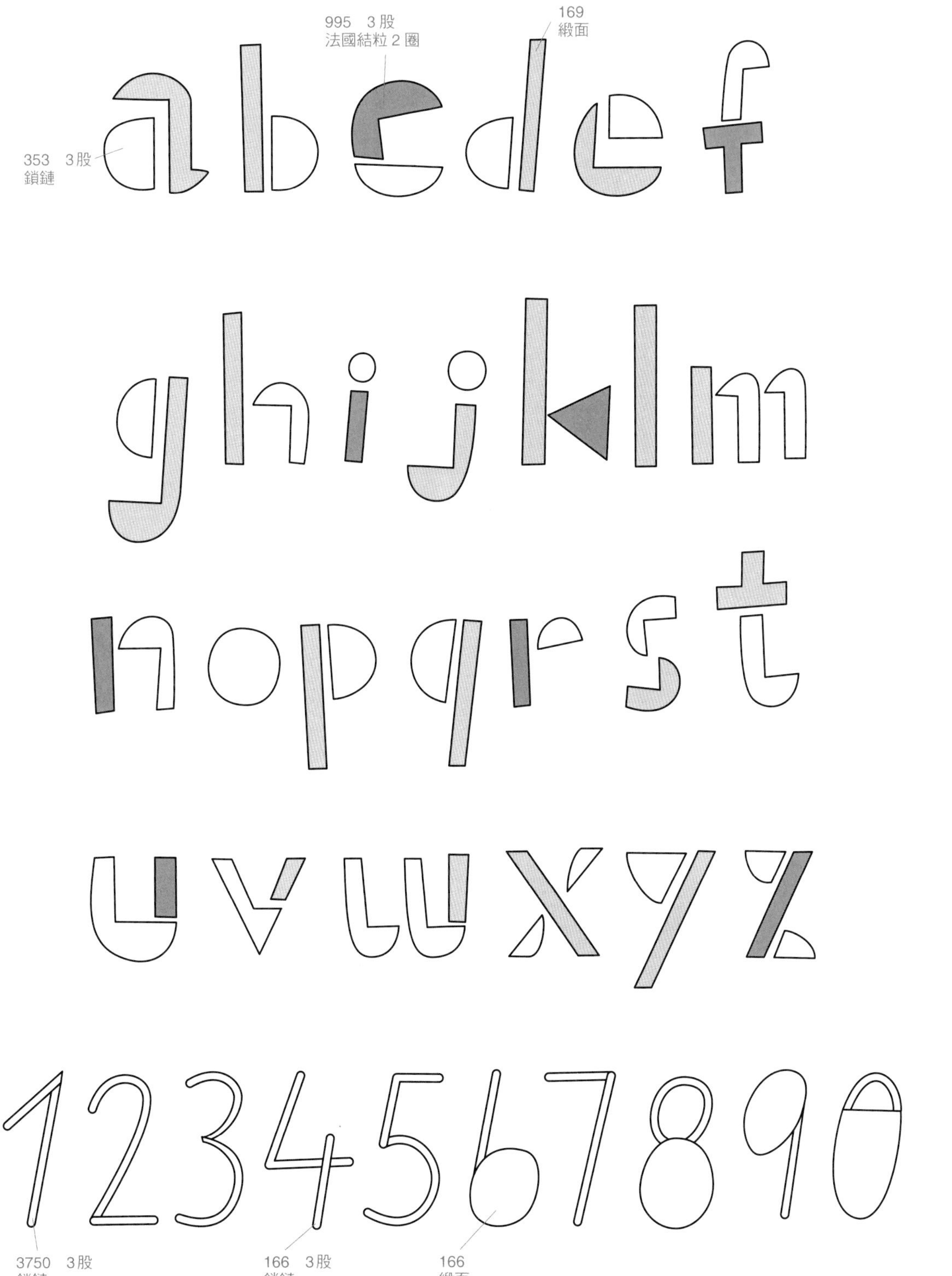
995　3股
法國結粒 2 圈
169
緞面
353　3股
鎖鏈
3750　3股
鎖鏈
166　3股
鎖鏈
166
緞面

北村絵里

✳

刺繡與我

我在學校的課堂中與刺繡相遇了。繡線就像水彩一樣擁有非常多種顏色,當我知道刺繡就像繪畫一樣可以將物品呈現出來之後,我便深受刺繡的魅力所吸引。刺繡的有趣之處,不僅在於可以將創作主題具象化,繡線透過層層堆疊的針法而產生的風貌也相當有趣,以刺繡為素材的織品設計過程也很好玩。

刺繡寶盒 ▶ p.4

我將腦海中浮現的模糊線條或圓點加以組合,產生出令人意想不到的形狀或色彩搭配。過程中帶來的樂趣令我深深著迷。我一開始也無法預設自己會做出什麼樣的成品,它們逐漸形成具體的形狀,或是變成重複的圖案。我把這些想像集結起來,透過繡線將其化為形體。

tam-ram
（田村里香）

Rika Tamura

 shown as 小圖案刺繡 3.

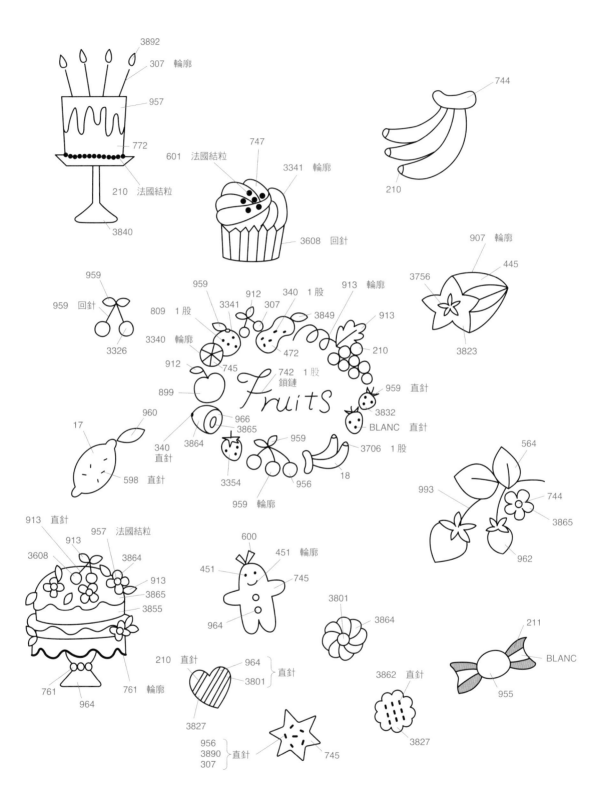

●繡線皆採用法國 DMC 牌，除指定分股的部分外，其餘皆分成 2 股 ●除指定部分外，其餘皆採緞面繡；法國結粒繡都要在針上繞兩圈

3354

3855

964

BLANC

963

3840

648

12

951 153

3827

3801

BLANC 法國結粒

964 輪廓

957

26

972

12 輪廓
（2排）

603

209

747

3823

3706 直針

3326 輪廓

912

18
輪廓

18 飛鳥

3326

3706
直針

3865

3706
直針

964

3823

3776 輪廓

3776 回針

955 輪廓

955

210

ECRU 直針 ECRU

3064

3064 輪廓

959

959 輪廓

603

17

3706 鎖鏈

17 輪廓

19 輪廓填色

19 輪廓

912 回針

899

598

407

761

3341

3064

451 以法國結粒繡填滿

951

157

451 直針

3864

451 直針

564

3865

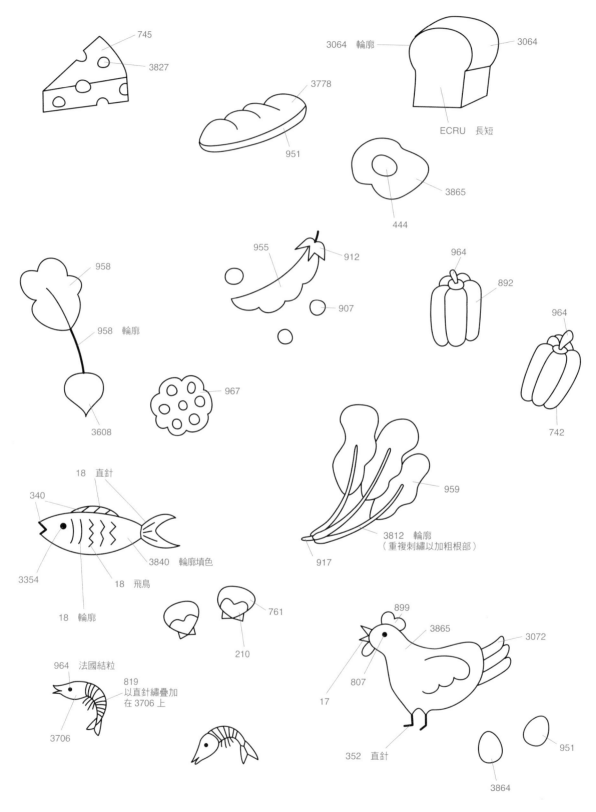

745
3827

3064 輪廓
3064

3778
951

ECRU 長短

3865
444

958
958 輪廓
3608

955
912
907
967

964
892

964
742

959
3812 輪廓
（重複刺繡以加粗根部）
917

18 直針
340
3354
3840 輪廓填色
18 飛鳥
18 輪廓

761
210

964 法國結粒
819
以直針繡疊加
在 3706 上
3706

899
3865
3072

807
17

352 直針

3864
951

●繡線皆採用法國 DMC 牌，除指定分股的部分外，其餘皆分成 2 股　●除指定部分外，其餘皆採緞面繡；法國結粒繡都要在針上繞兩圈

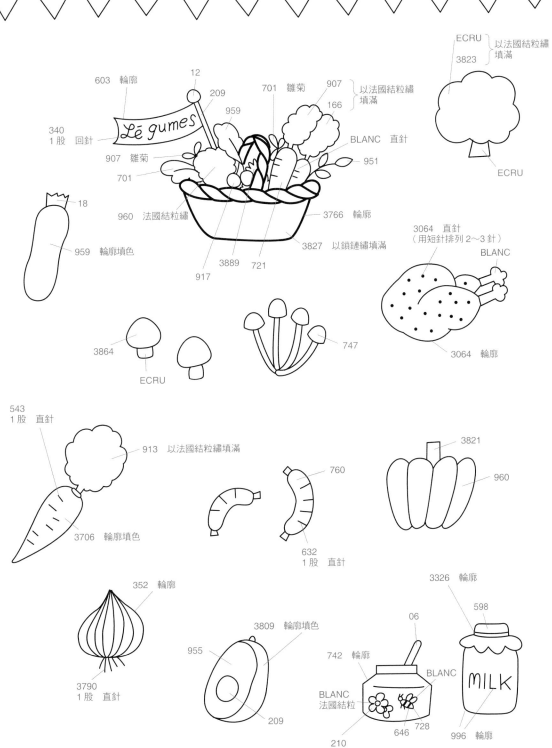

3326　964　3078

ECRU
3823 } 以法國結粒繡填滿

ECRU

603　輪廓
12
701　雛菊　907
209　　166 } 以法國結粒繡填滿
959
340
1股　回針
907　雛菊
701
960　法國結粒繡
BLANC　直針
951
3766　輪廓
3827　以鎖鏈繡填滿
18
959　輪廓填色
3889　721
917

3864
ECRU
747

3064　直針
（用短針排列2～3針）
BLANC
3064　輪廓

543
1股　直針
913　以法國結粒繡填滿
3821
760
960
3706　輪廓填色
632
1股　直針

352　輪廓
3809　輪廓填色
3326　輪廓
598
06
955
742　輪廓
BLANC
3790
1股　直針
BLANC
法國結粒
209
MILK
210　646　728
996　輪廓

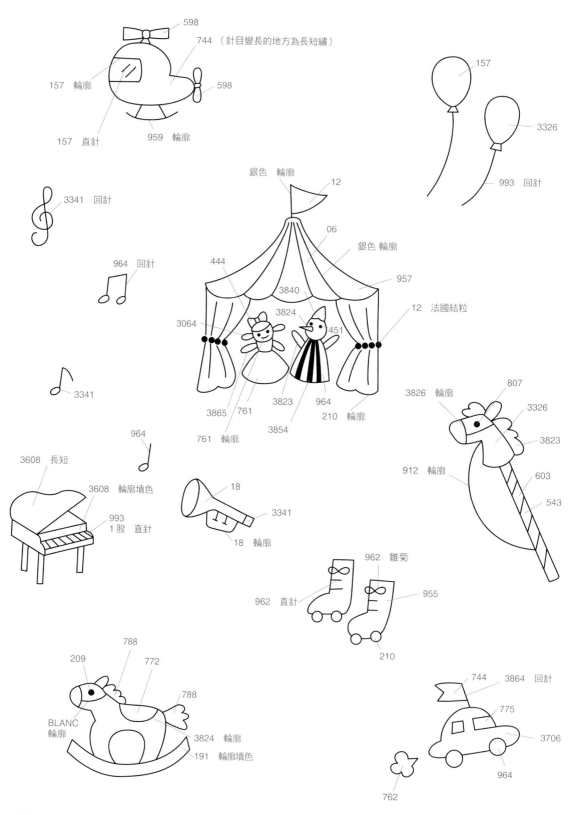

598

744 （針目變長的地方為長短繡）

157 輪廓

598

157 直針

959 輪廓

157

3326

993 回針

3341 回針

銀色 輪廓

12

06

銀色 輪廓

957

964 回針

444

3840

12 法國結粒

3064

3824

451

3826 輪廓

807

3326

3823

912 輪廓

603

543

3341

3865

761

3823

964

210 輪廓

761 輪廓

3854

3608 長短

964

3608 輪廓填色

993
1 股 直針

18

3341

18 輪廓

962 雛菊

955

962 直針

210

788

209

772

788

BLANC
輪廓

3824 輪廓

191 輪廓填色

744

3864 回針

775

3706

964

762

●繡線皆採用法國 DMC 牌，除指定分股的部分外，其餘皆分成 2 股　●除指定部分外，其餘皆採緞面繡；法國結粒繡都要在針上繞兩圈

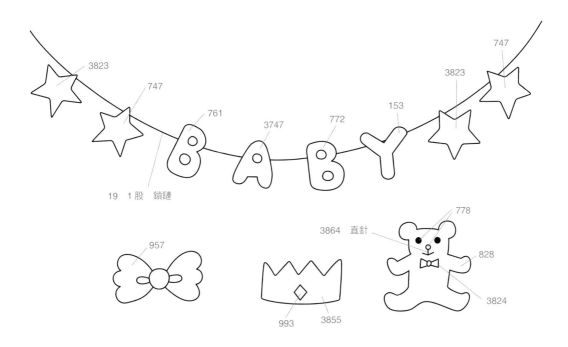

3823
747
761
3747
772
153
3823
747
19　1股　鎖鏈

957

993　3855

3864　直針
778
828
3824

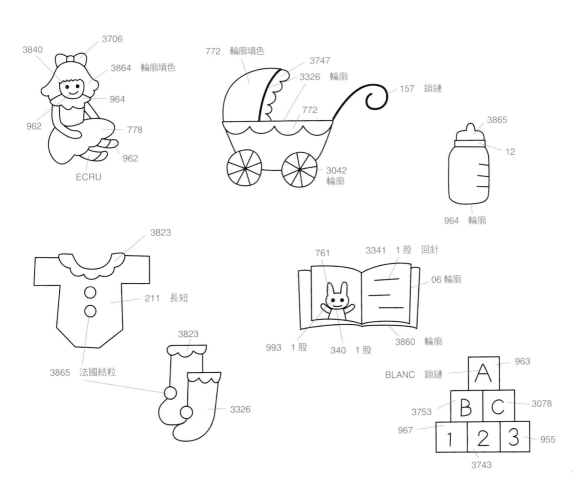

3840
3706
3864　輪廓填色
964
962
778
962
ECRU

772　輪廓填色
3747
3326　輪廓
157　鎖鏈
772
3042
輪廓

3865
12
964　輪廓

3823
211　長短
3865　法國結粒
3823
3326

761
3341　1股　回針
06 輪廓
輪廓
993　1股
340　1股
3860　輪廓

BLANC　鎖鏈
A　963
B　C　3078
3753
967
1　2　3
3743
955

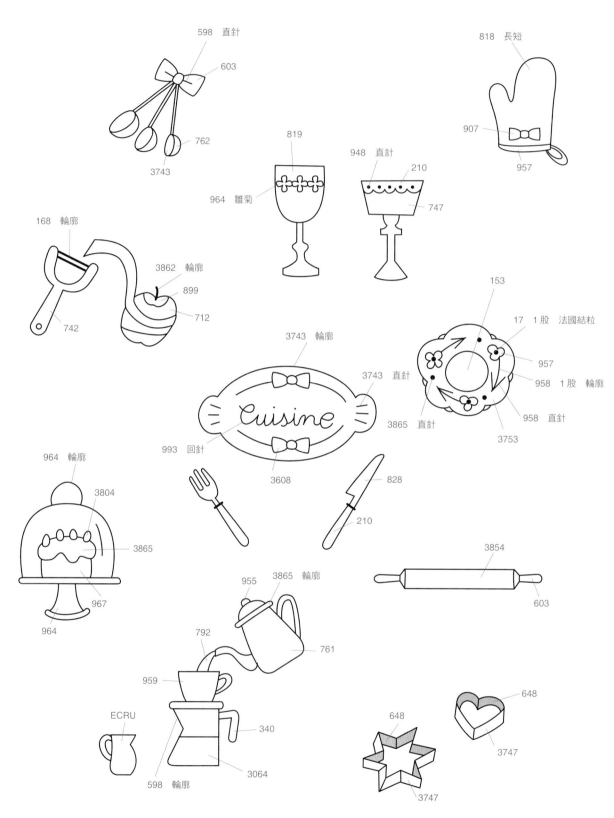

598 直針
603
762
3743

818 長短
907
957

819
964 雛菊

948 直針
210
747

168 輪廓
742

3862 輪廓
899
712

153
17 1股 法國結粒
957
958 1股 輪廓
958 直針
3753
3865 直針

3743 輪廓
3743 直針
Cuisine
993 回針
3608

828
210

3854
603

964 輪廓
3804
3865
967
964

955
3865 輪廓
792
761
959
340
ECRU
3064
598 輪廓

648
648
3747
3747

●繡線皆採用法國 DMC 牌，除指定分股的部分外，其餘皆分成 2 股　●除指定部分外，其餘皆採緞面繡；法國結粒繡都要在針上繞兩圈

3840 毛邊

957
06 輪廓填色

3865
3824

BLANC 長短

3608 輪廓

964 輪廓

964

828

964 直針

3706

209
19

157

157 直針

993 直針 3326 長短

3072 輪廓

993

819

3072 輪廓

3865

3341

957

210

3761 輪廓

951

BLANC

210

307

3326

957

444 輪廓

3761 回針

24

24

BLANC

3849 1股

3354

585

3849 輪廓

3823
1股
法國結粒

3747

3024

444

3608

BLANC 鎖鏈

BLANC 直針
3706
209 回針
ma chambre
967
964 輪廓
18

603 993 157
12 法國結粒
993 輪廓
762 長短

210
762 回針
964
951
224

06

12 直針
3865 雛菊
956
912
964
352 直針
742
209 輪廓
24
3823
503 輪廓
3024
807
3326
（針目變長的地方為
輪廓填色繡）

3865
3747 長短
159
503 1 股 輪廓填色
3827 輪廓
3827 直針

●繡線皆採用法國 DMC 牌，除指定分股的部分外，其餘皆分成 2 股　●除指定部分外，其餘皆採緞面繡；法國結粒繡都要在針上繞兩圈

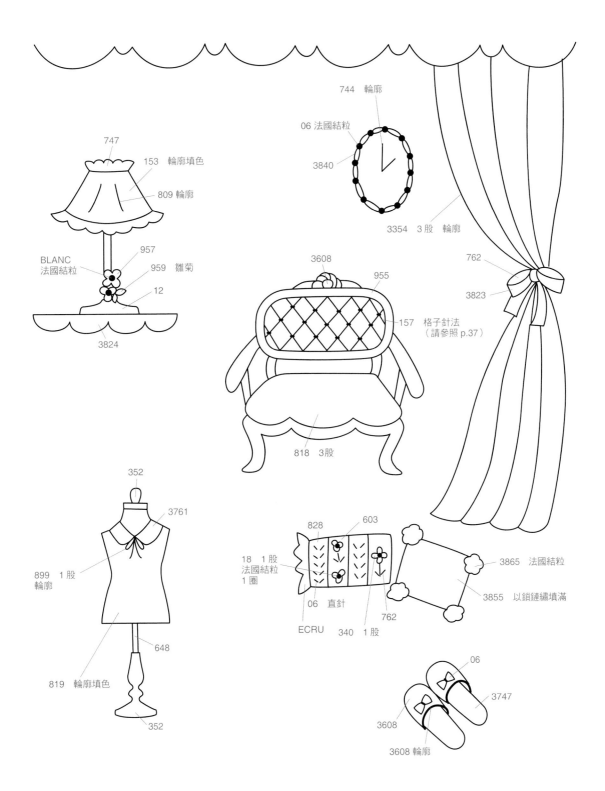

747
153 輪廓填色
809 輪廓

744 輪廓

06 法國結粒

3840

BLANC
法國結粒

957

959 雛菊

12

3824

3354 3股 輪廓

3608

955

157 格子針法
（請參照 p.37）

818 3股

762

3823

352

3761

899 1股
輪廓

648

819 輪廓填色

352

828

603

18 1股
法國結粒
1圈

06 直針

ECRU

340 1股

762

3865 法國結粒

3855 以鎖鏈繡填滿

06

3747

3608

3608 輪廓

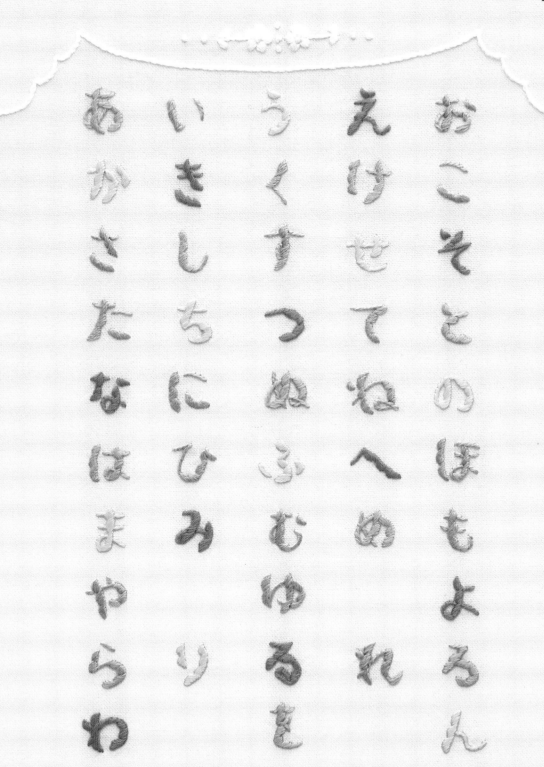

あかさたなはまやらわ

いきしちにひみり

うくすつぬふむゆるを

えけせてねへめれゑ

おこそとのほもよるん

粉紅色　603
橘色　967
薄荷藍　964
黃色　745

3865　輪廓

3865

3824　法國結粒

輪廓

　●繡線皆採用法國 DMC 牌，除指定分股的部分外，其餘皆分成 2 股　●除指定部分外，其餘皆採緞面繡；法國結粒繡都要在針上繞兩圈

紅色系　3706
紫色　　211
黃色　　3855
藍色　　157
淡粉色　761

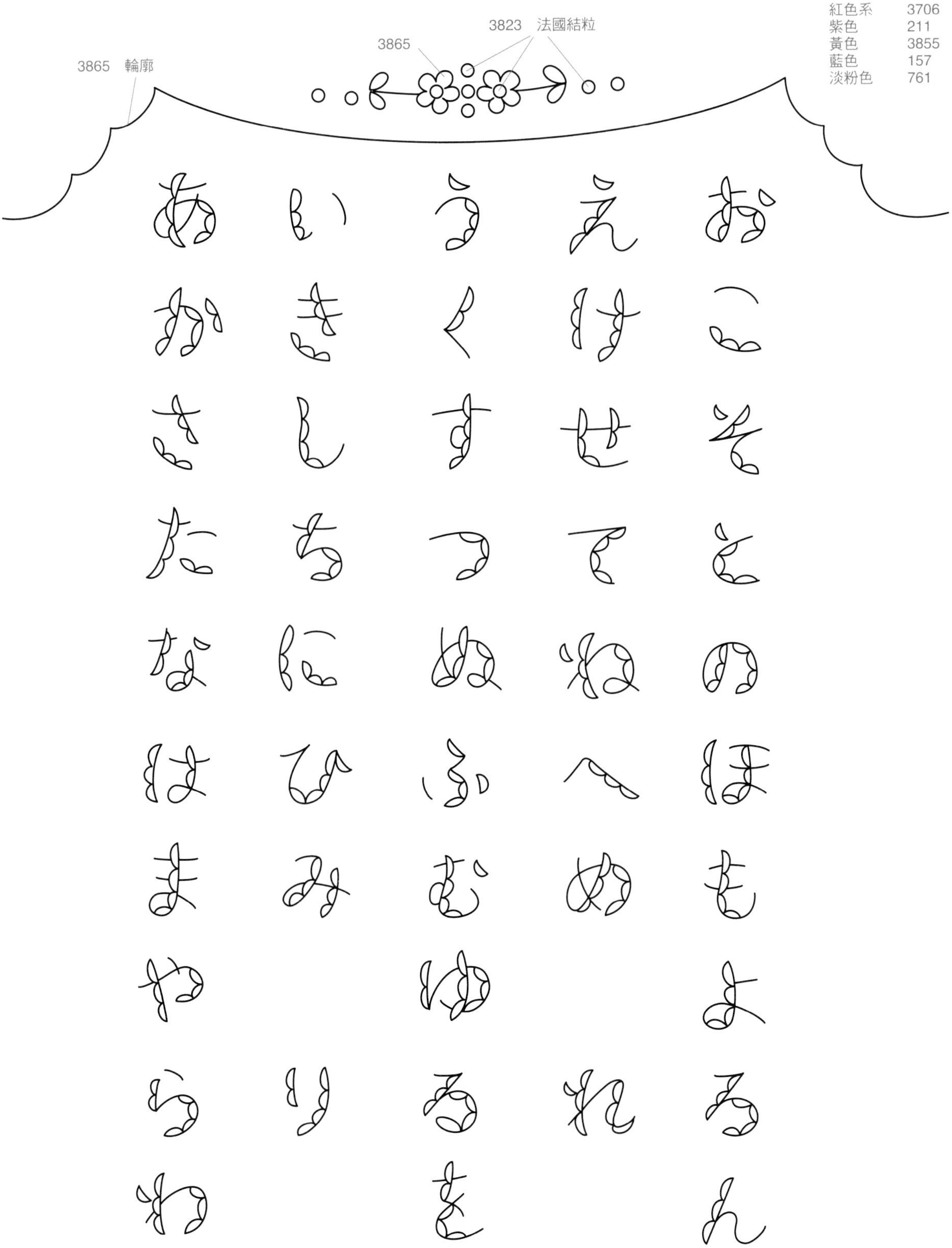

3865　3823　法國結粒

3865　輪廓

あ　い　う　え　お

か　き　く　け　こ

さ　し　す　せ　そ

た　ち　つ　て　と

な　に　ぬ　ね　の

は　ひ　ふ　へ　ほ

ま　み　む　め　も

や　　　ゆ　　　よ

ら　り　る　れ　ろ

わ　　　を　　　ん

tam-ram（田村里香）

✳

刺繡與我

刺繡可以讓我同時做兩件喜歡的事情，一件是畫圖，另一件是玩針線。從繡線或布料的選用，到思考圖案並著手刺繡，所有過程對我來說都很重要，我非常喜歡。我也很喜歡關於夢想的主題，依照自己的想像完成作品時所帶來的幸福感，是任何事物都無法動搖的。

刺繡寶盒 p.6

為孩子縫製的洋裝或熊熊玩偶。用來代替護身符，每天戴在身上的珠寶。偶爾看看它們就會產生一股喜悅的心情，它們是無可取代的寶物。我很喜歡繽紛色彩和柔和氛圍，運用刺繡重現它們的過程真是充滿歡樂的刺繡時光。

千葉美波子

Minako Chiba

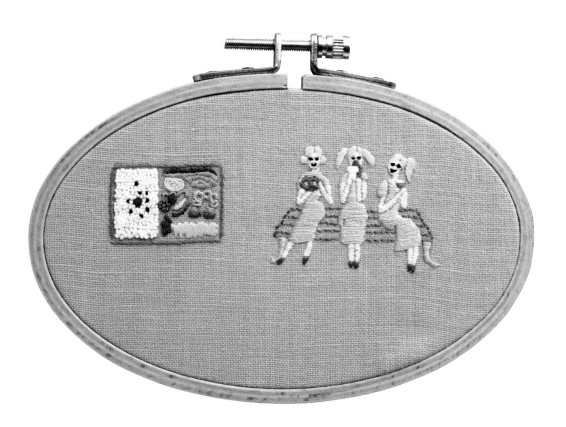

刺繡針法 ▶ p.94

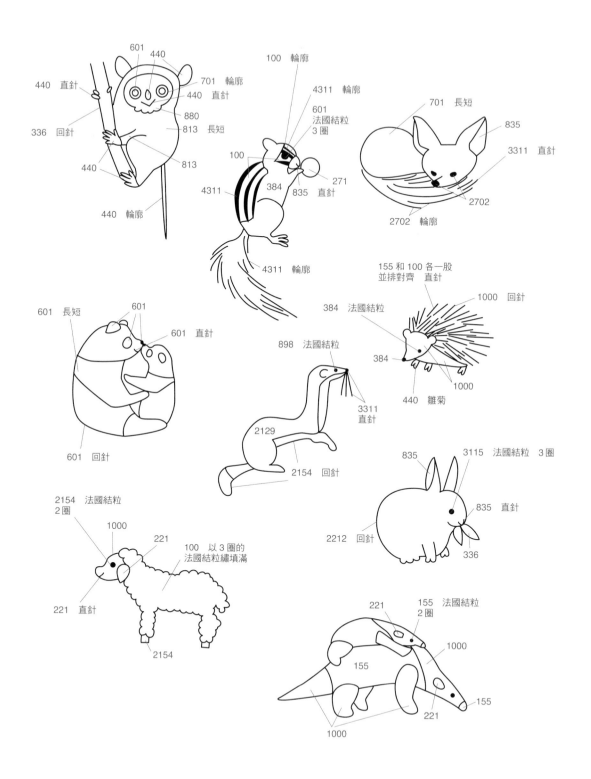

601
440
440　直針
701　輪廓
440　直針
336　回針
880
813　長短
440
813
440　輪廓

100　輪廓
4311　輪廓
601
法國結粒
3圈
100
4311
384
835
271
直針
4311　輪廓

701　長短
835
3311　直針
2702
2702　輪廓

601　長短
601
601　直針
601　回針

155 和 100 各一股
並排對齊　直針
1000　回針
384　法國結粒
384
1000
440　雛菊

898　法國結粒
3311
直針
2129
2154　回針

835
3115　法國結粒　3圈
835　直針
2212　回針
336

2154　法國結粒
2圈
1000
221
100　以 3 圈的
法國結粒繡填滿
221　直針
2154

221
155　法國結粒
2圈
1000
155
1000
221
155

　●繡線皆採用日本 Cosmo 牌，分成 2 股　●除指定部分外，其餘皆採緞面繡；法國結粒繡都要在針上繞一圈

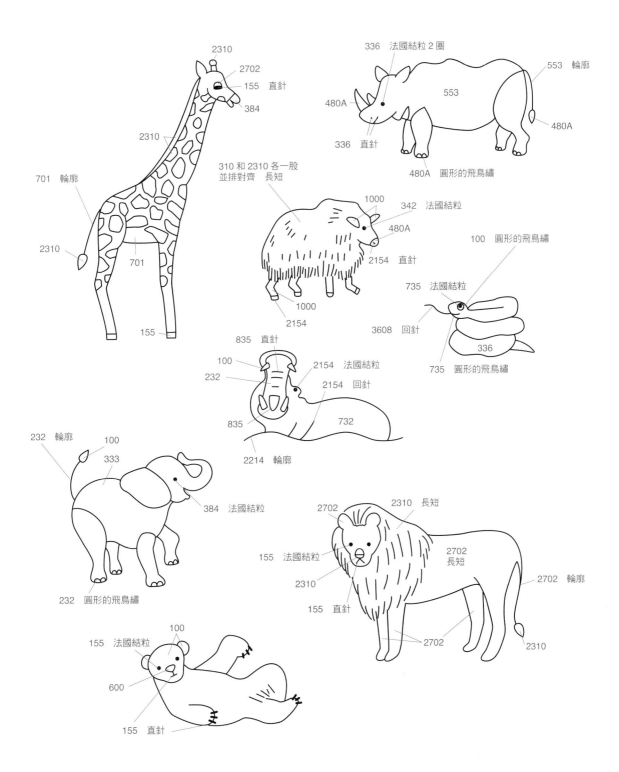

2310
2702
155　直針
384

2310

310 和 2310 各一股
並排對齊　長短

701　輪廓

2310

155

336　法國結粒 2 圈
553　輪廓
480A
553
336　直針
480A
480A　圓形的飛鳥繡

1000
342　法國結粒
480A
2154　直針
1000
2154

100　圓形的飛鳥繡
735　法國結粒
3608　回針
336
735　圓形的飛鳥繡

835　直針
100
232
835
2154　法國結粒
2154　回針
732
2214　輪廓

232　輪廓
100
333
384　法國結粒
232　圓形的飛鳥繡

2702
2310　長短
155　法國結粒
2310
155　直針
2702
長短
2702　輪廓
2702
2310

155　法國結粒
100
600
155　直針

95

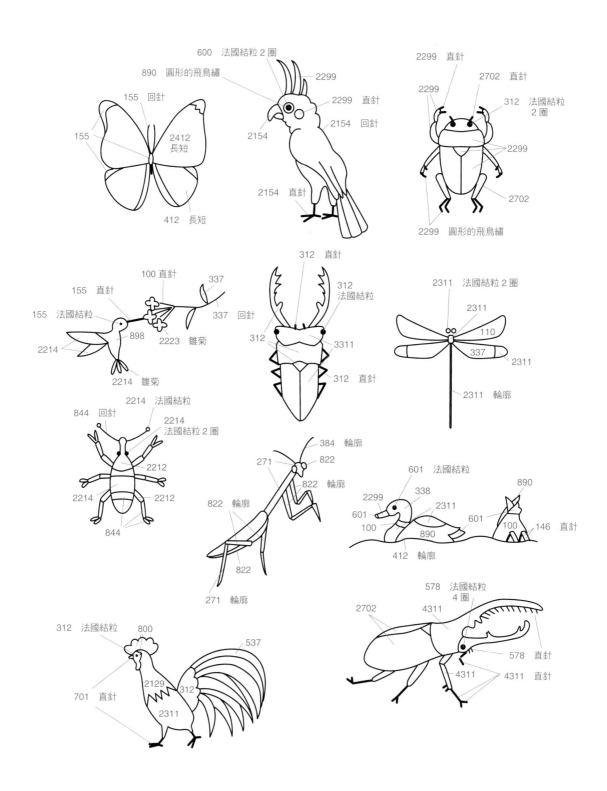

600　法國結粒 2 圈
890　圓形的飛鳥繡
155　回針
155
2412 長短
155
412　長短

2299　直針
2299
2154
2154　直針
2154　回針

2299　直針
2299
2702　直針
312　法國結粒 2 圈
2299
2702
2299　圓形的飛鳥繡

155　直針
100 直針
337
155　法國結粒
337
337　回針
898
2214
2223　雛菊
2214　雛菊

312　直針
312
312　法國結粒
312
3311
312　直針

2311　法國結粒 2 圈
2311
110
337
2311
2311　輪廓

2214　法國結粒
844　回針
2214　法國結粒 2 圈
2212
2214
2212
844

384　輪廓
271
822
822
822　輪廓
822　輪廓
822
271　輪廓

601　法國結粒
890
2299
338
2311
601
601
100
890
100
146　直針
412　輪廓

578　法國結粒 4 圈
2702
4311
578　直針
4311　直針

312　法國結粒
800
537
2129
312
701　直針
2311

　●繡線皆採用日本 Cosmo 牌，分成 2 股　●除指定部分外，其餘皆採緞面繡；法國結粒繡都要在針上繞一圈

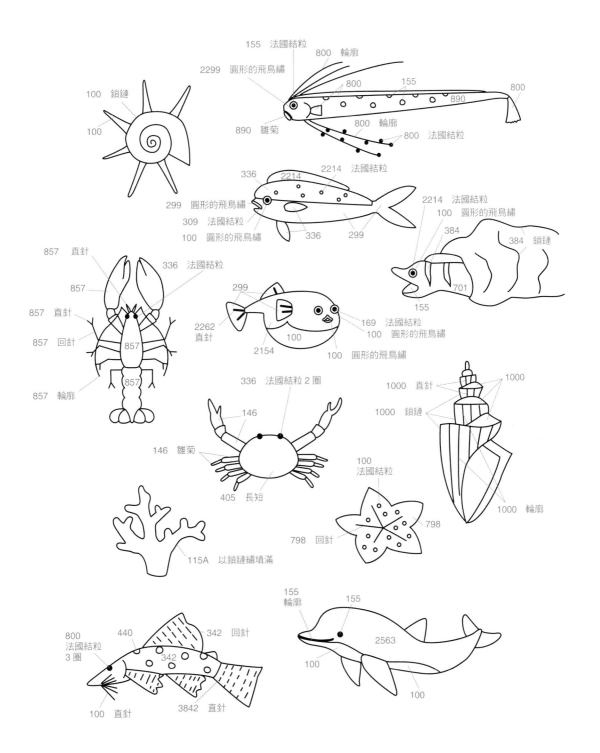

155　法國結粒
800　輪廓
2299　圓形的飛鳥繡
800
155
800
890
100　鎖鏈
100
890　雛菊
800　輪廓
800　法國結粒
2214　法國結粒
336
2214
2214　法國結粒
299　圓形的飛鳥繡
100　圓形的飛鳥繡
309　法國結粒
384
384　鎖鏈
100　圓形的飛鳥繡
336
299
857　直針
336　法國結粒
701
857
299
155
857　直針
2262
169　法國結粒
857　回針
直針
100　圓形的飛鳥繡
857
2154
100
857　輪廓
100　圓形的飛鳥繡
336　法國結粒 2 圈
1000　直針
1000
146
1000　鎖鏈
146　雛菊
100
法國結粒
798
405　長短
798　回針
115A　以鎖鏈繡填滿
1000　輪廓
155
輪廓
155
800
法國結粒
3 圈
440
342　回針
342
2563
100
100　直針
3842　直針
100

99

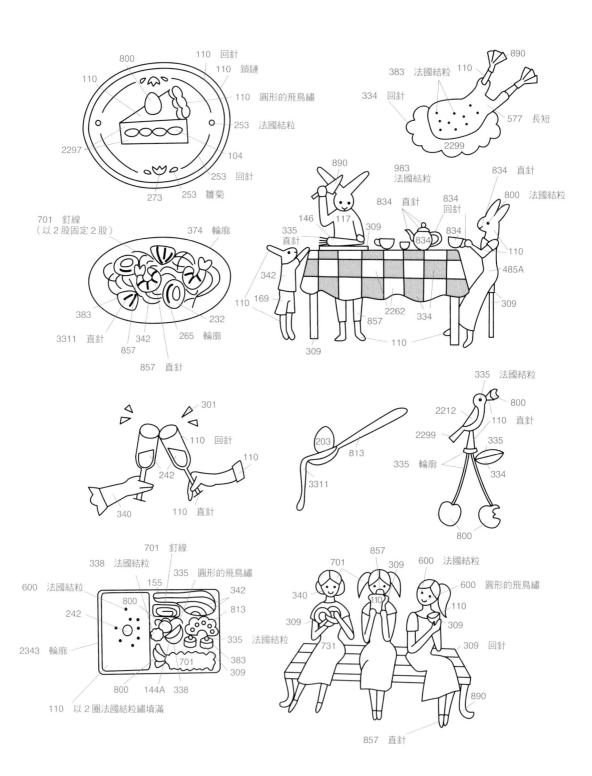

110 回針
110 鎖鏈
800
110
110 圓形的飛鳥繡
253 法國結粒
2297
104
253 回針
273
253 雛菊

383 法國結粒
334 回針
110
890
577 長短
2299

701 釘線
（以2股固定2股）
374 輪廓
383
3311 直針
342
857
265 輪廓
232
857 直針

890
983 法國結粒
834 直針
146
117
309
834 直針
834 回針
834 直針
835 直針
834
800 法國結粒
110
485A
342
169
110
2262
334
309
857
309
110

301
110 回針
242
110
340
110 直針

203
813
3311

335 法國結粒
800
2212
110 直針
2299
335
335 輪廓
334
800

701 釘線
338 法國結粒
335
圓形的飛鳥繡
600 法國結粒
155
342
242
800
813
2343 輪廓
335 法國結粒
383
309
800
144A
338
110 以2圈法國結粒繡填滿

857
701
309
600 法國結粒
340
600 圓形的飛鳥繡
309
110
110
309
309 回針
731
890
857 直針

　●繡線皆採用日本 Cosmo 牌，分成 2 股　●除指定部分外，其餘皆採緞面繡；法國結粒繡都要在針上繞一圈

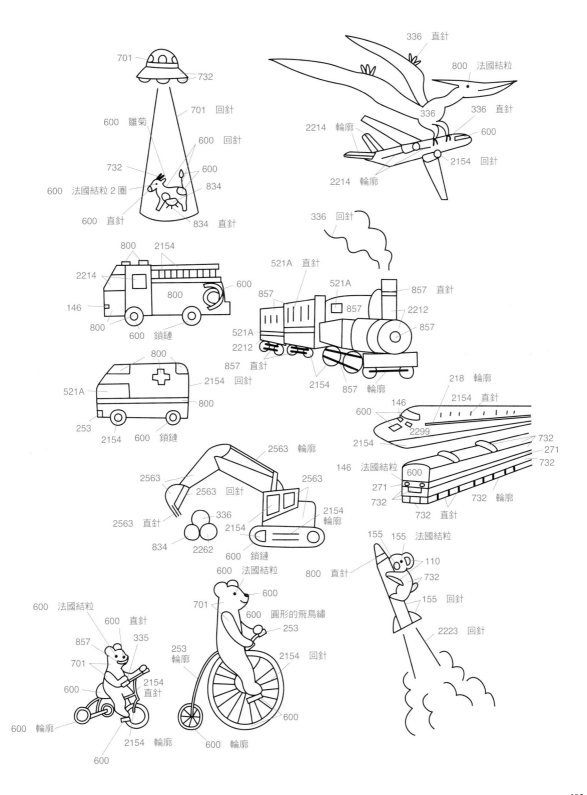

701
732
600 雛菊
701 回針
600 回針
732
600
834
600 法國結粒 2 圈
600 直針
834 直針

336 直針
800 法國結粒
336
336 直針
2214 輪廓
600
2154 回針
2214 輪廓

800
2154
2214
800
600
146
800
600 鎖鏈

336 回針
521A 直針
857
521A
857
857 直針
2212
857
521A
2212
857 直針
2154
857 輪廓
2154

218 輪廓
2154 直針
600
146
2154
2299
146 法國結粒
600
271
271
732
732
732
732 輪廓
732 直針

800
2154 回針
521A
800
253
2154
600 鎖鏈

2563 輪廓
2563
2563 回針
2563
2154 輪廓
2563 直針
336
2154
834
2262
600 鎖鏈

600 法國結粒
600
701
600
圓形的飛鳥繡
253
253 輪廓
2154 回針
600

155 155 法國結粒
110
732
800 直針
155 回針
2223 回針

600 法國結粒
600 直針
857
335
701
600
2154 直針
600 輪廓
2154 輪廓
600

600 輪廓

103

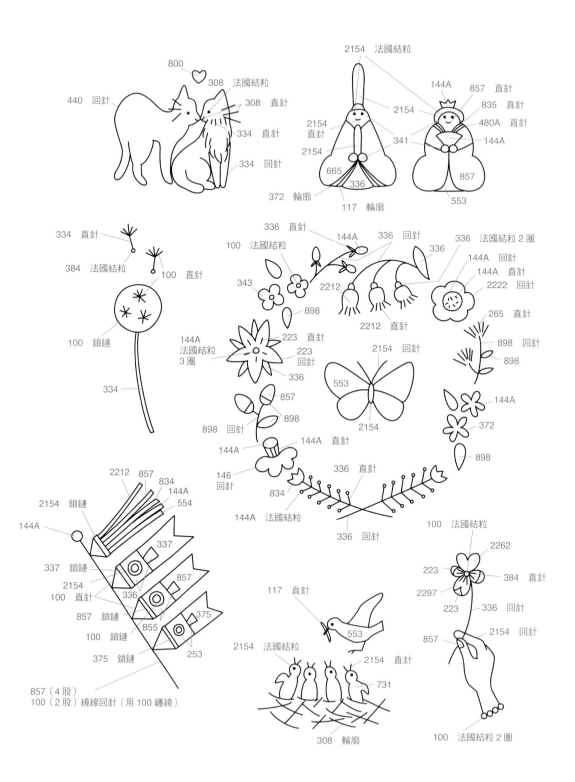

800

308　法國結粒

440　回針

308　直針

334　直針

334　回針

2154　法國結粒

144A

857　直針

835　直針

480A　直針

144A

2154

2154
直針

2154

341

665

336

553

372　輪廓

117　輪廓

334　直針

384　法國結粒

100　直針

343

100　鎖鏈

334

336　直針

100　法國結粒

144A

336　回針

336

336　法國結粒 2 圈

144A　回針

144A　直針

2222　回針

265　直針

898　回針

898

2212

2212

2212　直針

898

144A
法國結粒
3 圈

223　直針

223
回針

336

2154　回針

553

2154

144A

372

898

857

898

898　回針

144A　直針

144A

146
回針

834

336　直針

834

144A　法國結粒

336　回針

2212　857　834

144A

2154　鎖鏈

554

144A

337

337　鎖鏈

2154

857

100　直針

336

855

857　鎖鏈

375

100　鎖鏈

375　鎖鏈

253

857（4 股）
100（2 股）繞線回針（用 100 纏繞）

117　直針

553

2154　法國結粒

2154　直針

731

308　輪廓

100　法國結粒

2262

223

384　直針

2297

223

336　回針

857

2154　回針

100　法國結粒 2 圈

　●繡線皆採用日本 Cosmo 牌，分成 2 股　●除指定部分外，其餘皆採緞面繡；法國結粒繡都要在針上繞一圈

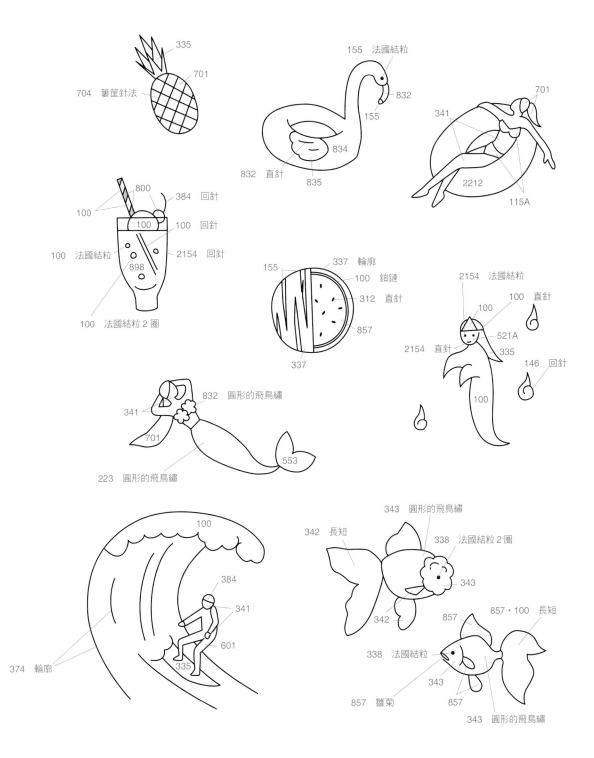

335

155 法國結粒

704 簍筐針法

701

832

155

701

341

834

2212

832 直針

835

115A

800

384 回針

100

100

100 回針

100 法國結粒

898

2154 回針

155

337 輪廓

100 鎖鏈

100 法國結粒 2 圈

312 直針

857

337

2154 法國結粒

100 直針

521A

2154 直針

335

146 回針

100

832 圓形的飛鳥繡

341

701

553

223 圓形的飛鳥繡

100

343 圓形的飛鳥繡

342 長短

338 法國結粒 2 圈

384

343

341

342

601

335

857 · 100 長短

857

374 輪廓

338 法國結粒

343

857 雛菊

857

343 圓形的飛鳥繡

刺繡針法 ▶ p.110

●繡線皆採用日本 Cosmo 牌，分成 2 股　●除指定部分外，其餘皆採緞面繡；法國結粒繡都要在針上繞一圈

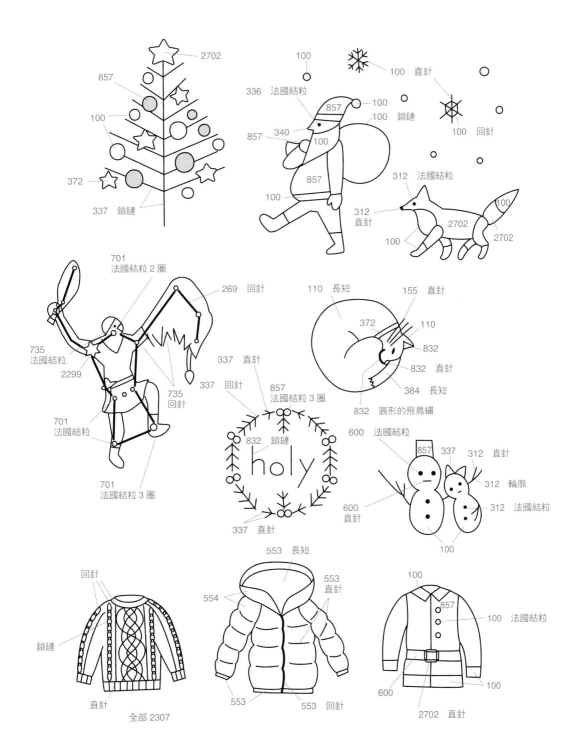

2702

857

100

372

337 鎖鏈

100 直針

336 法國結粒

857

340

857

100

100

100 鎖鏈

100 直針

100 回針

312 法國結粒

312
直針

100

2702

100

2702

701
法國結粒 2 圈

269 回針

735
法國結粒

2299

735
回針

337 直針

337 回針

701
法國結粒

857
法國結粒 3 圈

832 鎖鏈

holy

110 長短

155 直針

372

110

832

832 直針

384 長短

832 圓形的飛鳥繡

600 法國結粒

857

337

312 直針

312 輪廓

312 法國結粒

701
法國結粒 3 圈

337 直針

600
直針

100

鎖鏈

直針

全部 2307

553 長短

554

553
直針

553

553 回針

100

857

100 法國結粒

600

100

2702 直針

111

Minako Chiba

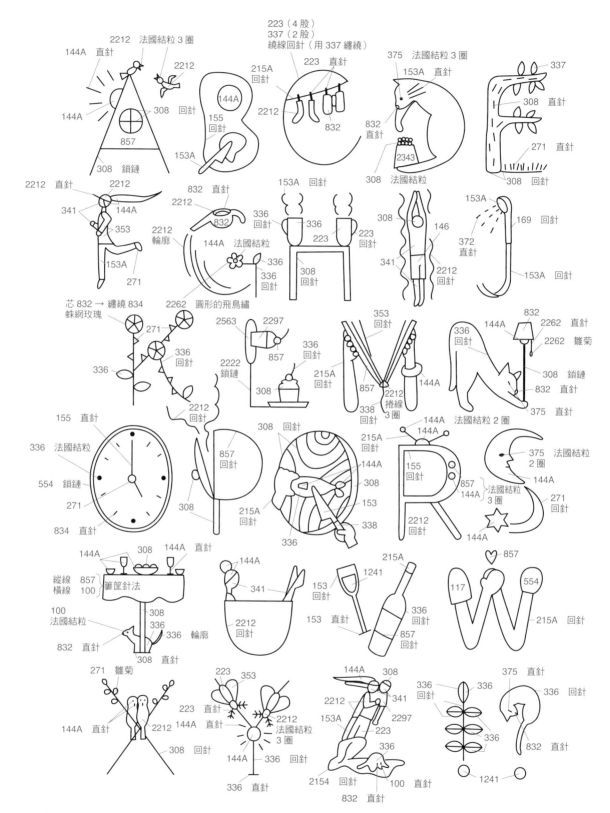

●繡線皆採用日本 Cosmo 牌，分成 2 股　●除指定部分外，其餘皆採緞面繡；法國結粒繡都要在針上繞一圈

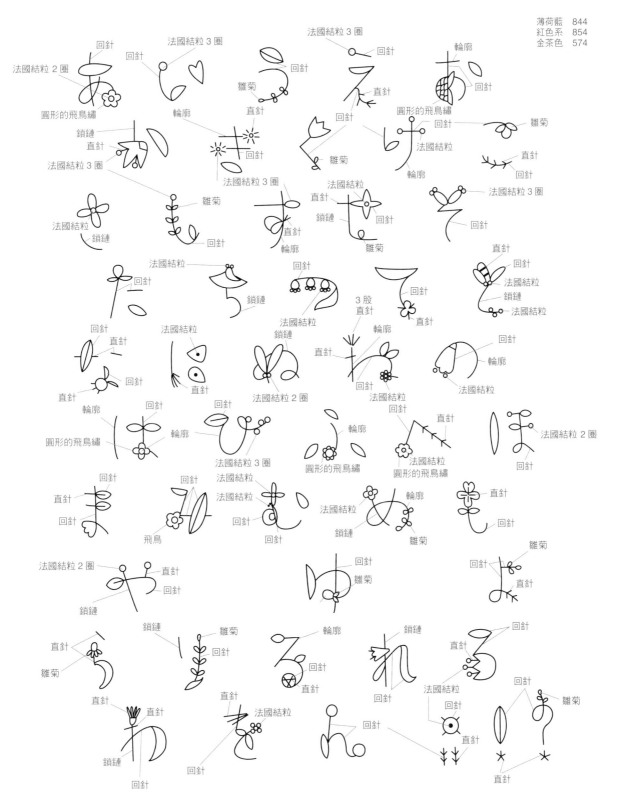

薄荷藍　844
紅色系　854
金茶色　574

115

千葉美波子

*

刺繡與我

我隨意用刺繡做的包包得到了他人的稱讚，於是就這樣踏進了刺繡的世界。在拚命自學刺繡的路上，我接觸了刺繡的歷史、世界各地的刺繡，渾然忘我。刺繡是一種很棒的手工藝，只要準備好用具和空間，就能沈浸在自己的世界裡玩刺繡。

刺繡寶盒 ▶ p.8

「多樣性」是思考刺繡設計的基礎概念。不論是可愛的生物，還是較少作為刺繡主題的生物，在我心中它們都含有「多樣性」的概念，因此感受到了生命的光輝。我從小就會收集的外國郵票，將這些郵票作為主題，透過刺繡創造出形形色色的生命。

刺繡小物作品

Embroidery goods & accessories

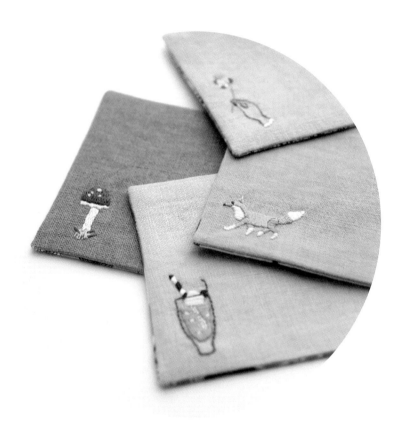

利用前面介紹過的圖案做出的小物。刺繡的其中一種樂趣，就是只要調整搭配圖案頁和顏色、布料的顏色，就能做出帶給人截然不同印象的作品。每一種小物的作法都很簡單，有些可以配戴在身上，有些還能在日常生活中使用。趕緊找出你喜歡的圖案，做出屬於你的珍貴小物吧。

束口袋

在麻布上刺出花朵的圖案。選用與圖案顏色相襯的緞
帶做出束口袋。以素雅的顏色呈現束口袋的圓形輪廓
和甜美的緞帶，打造出成熟的風格。

刺繡針法 ▶ p.134

髮帶

流蘇的部分也是採用「斯麥納繡」的針法。運用純手工技術才做得出來的簡單圖
案和顏色來突顯出刺繡的美。建議選擇不會和髮色產生衝突、顏色較沈穩的布料。

刺繡針法 ▶ p.135

相框

不需要縫補就能做出手工感十足的相框。布料中放有
厚紙板，因此非常牢固，也可以用來當作立牌。把一
張具有重要回憶的照片，輕輕地收進用心完成的刺繡
相框裡吧。

刺繡針法 ▶ p.136

胸針

將第 57 頁的鋼琴加以改造，做成胸針。保留古典韻味，並且選用帶點童心的
配色。用串珠點綴鋼琴的邊緣，增添高貴光彩的氣質。

刺繡針法 ▶ p.135

手帕

適合用來送禮的第一條刺繡手帕。創作時可以針對贈禮對象的喜好或對他的印象，
在手帕上加入一個小小的刺繡圖案。只要選用設計簡單的手帕成品，可以更輕鬆
地享受刺繡的樂趣喔。

刺繡針法 ▶ p.137

束口袋 & 手拿包

束口袋可以用來放小朋友的杯子，可愛的手拿包則可以用來收納手帕或面紙。
選擇刺繡主題的過程很有趣，挑選出可以襯托圖案的布料也很好玩。也可以搭
配布料並改變繡線的顏色。

刺繡針法 ▶ p.137、138

布鈕扣

只要準備 10cm 的布料就能做出布鈕釦。如果使用專用的刺繡套組，就能輕鬆完
成布鈕釦。它不僅可以當布鈕釦，還能用來點綴物品，做成臂章之類的小東西，
也可以當作胸針別在身上。

刺繡針法 ▶ p.139

掛飾

可以將掛飾掛在門把或牆壁上。即使只是小小的空間，特別的小裝飾就能在空間中創造出優美柔和的氛圍。吊飾的形狀需要搭配刺繡的大小，要多下一點功夫。

刺繡針法 ▶ p.139

千葉美波子　Minako Chiba

眼罩

在眼罩上刺上「晚安」的文字，這樣似乎就讓人
覺得可以睡個深沈安穩的好覺。在眼罩裡加入一
些紅豆，適度地增加重量。除此之外，也可以加
入一點具有放鬆效果的香草。

刺繡針法 ▶ p.140

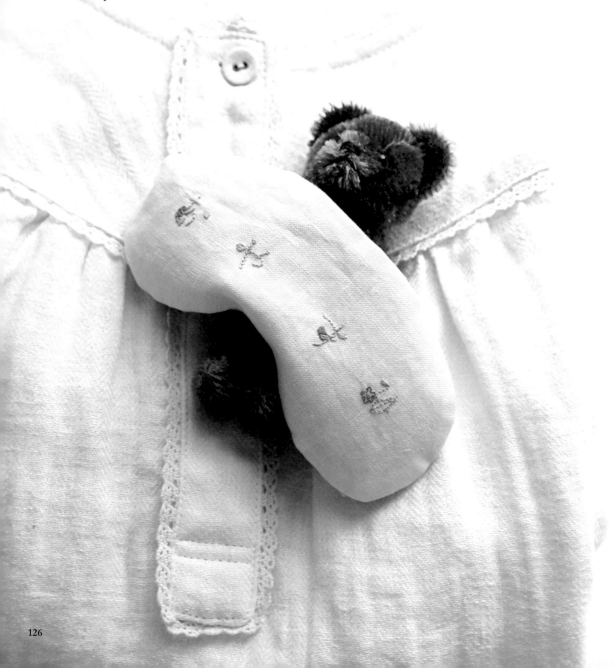

歡迎板

第 112 頁中的英文字母刺繡，仔細一看，字母中隱藏著各種不同的創作主題，真是令人又驚又喜呀。這種歡迎板很適合用來跟客人打招呼。只要將字母刺在刺繡框上就好了，不需要做額外的加工。

刺繡針法 ▶ p.140

書套

在純手工的書套上刺出兩個正在讀書的人，看起來別有一番趣味。布製的書套可
以配合書本的厚度，有彈性地調整寬度，在使用上也非常方便。

刺繡針法 ▶ p.141

杯墊

杯墊是很適合運用小圖案刺繡技法的小物。只要縫出杯墊的四邊就好，可以創作
自己喜歡的主題，也可以依照不同的季節分別使用不同的杯墊。挑選與主題相襯
的布料顏色，可更加突顯刺繡的魅力。

刺繡針法 ▶ p.140

WILD CARROT
Daucus carota

小提包

兩款小提包採用第 19 頁的刺繡圖案，改變顏色和繡線顏色，就能大幅地改變作品帶給人的印象。布料的選擇、繡線的選擇、圖案位置，利用這三種要素做出各種不同的搭配，體驗更好玩的刺繡創作。

刺繡針法 ▶ p.142

筆袋

筆袋是大人也用得到的東西，上面的星星是採用第 26 頁的連續圖案，選用紺色
布料，斜向排列增添流星的感覺。在拉鍊頭上綁一條皮革製的繩子，在使用上也
沒有問題。

刺繡針法 ▶ p.143

眼鏡收納袋

美麗高貴的花朵圖案相互排列，透露出一股知性的氣息。除了作品上的圖案之外，也刺上自己喜歡的花花草草吧。好期待從這麼漂亮的袋子裡拿出眼鏡呀。

刺繡針法 ▶ p.144

圖案 ⋯ p.42

❋ **材料**（一份）

表布／麻（素面）33×17cm
裡布／棉（素面）33×17cm
緞面緞帶　寬 0.9cm×90cm

1. 在表布上刺繡，刺繡圖案的位置
　 請參考成品圖。

2. 表布和裡布的反面朝外相疊，縫合
　 開口處（製作兩組）。

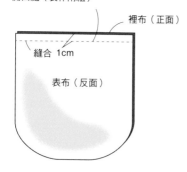

縫合 1cm

裡布（正面）

表布（反面）

❋ **尺寸圖**

裁剪布料時，預留 1cm 的縫份

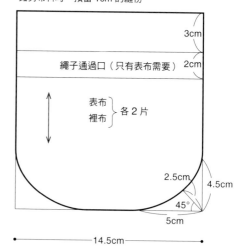

3cm

繩子通過口（只有表布需要）2cm

表布
裡布 } 各 2 片

15 cm

2.5cm

4.5cm

45°

5cm

14.5cm

3. 左右打開縫份，將兩組布料的反面朝外相疊，
　 保留返口和繩子通過口，縫合布料。

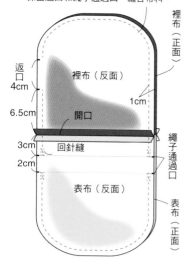

裡布（正面）

返口 4cm

裡布（反面）

1cm

6.5cm

開口

3cm　回針縫

2cm

繩子通過口

表布（反面）

表布（正面）

4. 從返口將布料翻回正面，
　 縫合返口。

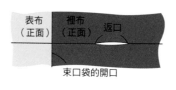

表布（正面）　裡布（正面）　返口

束口袋的開口

5. 繞著繩子通過口的上下區域，縫一圈。

裡布（正面）

3cm

2cm

繩子通過口

表布（正面）

6. 將兩條 45cm 的緞帶穿過兩側，在緞帶尾端打結。

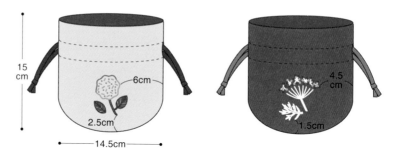

15 cm

6cm

2.5cm

14.5cm

4.5 cm

1.5cm

p.119　髮帶

圖案 … p.54

❖ 材料
布／麻（素面）43×13cm
羅緞緞帶　寬 2.5cm×120cm

1. 在布料的上半部刺繡。

2. 布料對折，背面朝外並縫合，翻回正面。

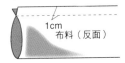

3. 布料兩端抓出摺紋，將 52cm 的緞帶縫合。
　 在布料背面。

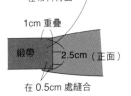

1cm 重疊

緞帶　　2.5cm（正面）

在 0.5cm 處縫合

❖ 尺寸圖

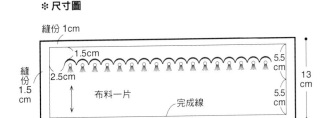

縫份 1cm

1.5cm

2.5cm

縫份 1.5cm

5.5cm

布料一片

完成線

5.5cm

13cm

43cm

4. 在 8cm 的緞帶背面上膠，包住布料與緞帶的接合處。

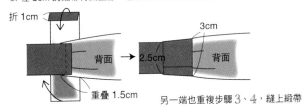

折 1cm

背面

3cm

2.5cm

背面

重疊 1.5cm

另一端也重複步驟 3、4，縫上緞帶

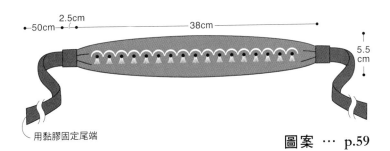

50cm

2.5cm

38cm

5.5cm

用黏膠固定尾端

---

p.121　胸針

圖案 … p.59

❖ 材料
表布／麻（素面）邊長約 10cm 正方形
裡布／毛氈、皮革　邊長 6cm 正方形
一分管珠　46 顆
胸針　1 個

❖ 實物大小的紙型
・準備大一點的表布，完成刺繡之後，依照
　紙型大小裁剪布料。
・裁切皮革時需先將紙型的方向左右翻轉。

1. 在表布上刺繡。

最後將管珠縫在鋼琴的周圍

3. 將胸針縫在皮革上。

3cm

胸針縫合的位置

皮革（正面）

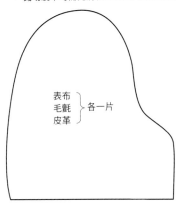

表布
毛氈
皮革
}各一片

2. 背面用黏膠貼上毛氈，乾了之後
　裁剪刺繡的外側。

4. 用黏膠將步驟 2 和步驟 3 貼合。

※材料

布／麻（素面）34×19cm   羅緞緞帶　寬2.5cm×15cm   厚紙板　16×14cm　4片
鋪棉　16×14cm   緞面緞帶　寬0.9cm×44cm

1. 在布料上刺繡，邊緣保留1.5cm，開一個照片孔。

2. 將鋪棉黏在厚紙板上，和步驟1的布料相疊後，背面貼上雙面膠。

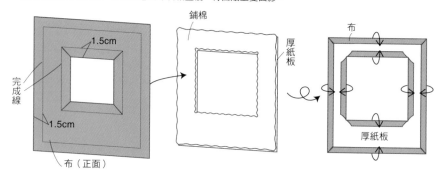

3. 將布料貼在另一片厚紙板的背面，並且和步驟2接合在一起，接合處中間黏上緞帶。

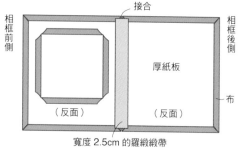

※尺寸圖

2片布…裁剪時，布料及照片孔（只有一片）的周圍都保留1.5cm的空間。
4片厚紙板，1片鋪棉…裁切周圍和相片孔（2片厚紙板、鋪棉）。

4. 在相框後側的厚紙板上割出用來固定相片的切口。

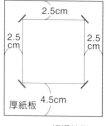

5. 在步驟3的左右兩端放上寬0.9cm、長22cm的緞帶，再將另一片厚紙板（挖出照片孔）貼在前側的相框上。

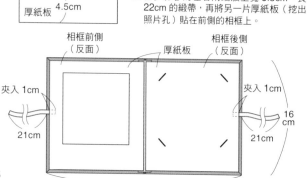

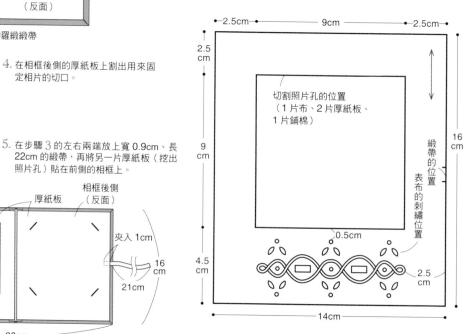

p.122 手帕 圖案 ⋯ p.77、88

❋ 材料
表布／棉（格紋、圓點）邊長 36cm 正方形

1. 進行刺繡。

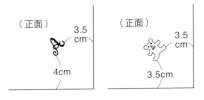

（正面） 3.5cm 4cm

（正面） 3.5cm 3.5cm

2. 布料周圍折成三折並縫合。

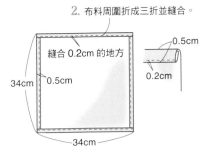

縫合 0.2cm 的地方
34cm 0.5cm
34cm
0.5cm 0.2cm

❋ 尺寸圖
包含 1cm 的縫份

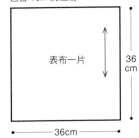

表布一片 36cm
36cm

---

p.123 束口袋 圖案 ⋯ p.73

❋ 材料
表布／棉（格紋）20×44cm
裡布／棉（素面）20×44cm
棉質織帶　寬 0.5cm×120cm

1. 在表布上刺繡。

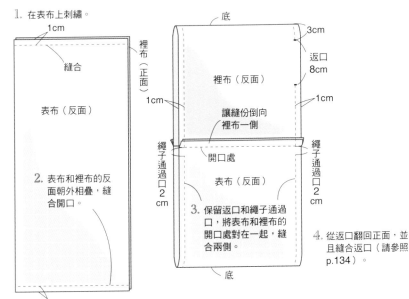

1cm
裡布（正面）
縫合
表布（反面）
2. 表布和裡布的反面朝外相疊，縫合開口。
1cm

底 3cm
返口 8cm
裡布（反面）
1cm 讓縫份倒向裡布一側 1cm
繩子通過口 2cm 開口處 繩子通過口 2cm
表布（反面）
3. 保留返口和繩子通過口，將表布和裡布的開口處對在一起，縫合兩側。
底

4. 從返口翻回正面，並且縫合返口（請參照 p.134）。

❋ 尺寸圖
包含 1cm 的縫份

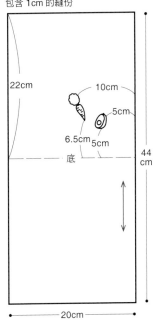

22cm
10cm
5cm
6.5cm 5cm
底
44cm
20cm

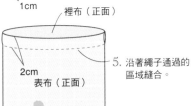

裡布（正面）
2cm
表布（正面）

5. 沿著繩子通過的區域縫合。

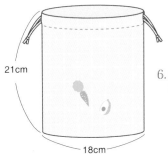

21cm
18cm

6. 兩條 60cm 的織帶穿過兩端，並在尾端打結。

❋ **材料**

蓋布　表布／棉（印花布）　16.5×10cm
　　　裡布／棉（素面）　16.5×10cm

包包本體　表布／棉（印花布）　26×17cm
　　　　　裡布／棉（素面）　26×17cm
子母鈕扣　直徑 1cm×1 組

❋ **尺寸圖**

裁剪時，預留 1cm 縫份

1. 在蓋布的表布上刺繡。

2. 蓋布的表布和裡布的反面朝外，
   相疊縫合並翻回正面。

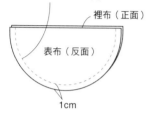

裡布（正面）
表布（反面）
1cm

3. 表布和裡布，兩片都反面朝外並對
   折，縫合布料的兩側。

本體（反面）
底
1cm

蓋布表布（正面）　　　裡袋（正面）

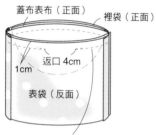

返口 4cm
1cm
表袋（反面）

4. 表袋和裡袋的反面都朝外並相疊，
   蓋布夾在中間。
   保留返口，並且縫合開口。

0.5cm
凸扣
蓋布裡布（正面）

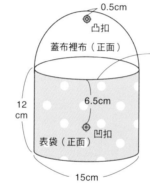

12cm
6.5cm
凹扣
表袋（正面）
15cm

5. 從返口翻回正面，封住返口。

6. 縫上子母鈕扣
   （注意不要讓表面出現凸釦的輪廓）。

❋ **蓋布實際大小的紙型**

裁剪時，預留 1cm 縫份

表布
裡布　各一片

子母鈕釦的位置

p.124　布鈕扣

圖案 … p.68、81

❋材料
表布／棉或麻（素面、印花布等）邊長約 8cm 正方形
布鈕扣材料包　直徑 3.8cm

1. 在布料上刺繡，圖案位置要均衡。

2. 將布料裁剪成直徑 8cm 的圓形。

3. 在布料反面包裹鈕扣的區塊上塗黏膠，黏在扣子配件上。

配件（反面）
黏著劑

以抓皺的方式均勻地貼合布料，讓刺繡圖案伸展開來

4. 將扣子零件的底座（背面）嵌入布鈕釦。

（反面）
約 3.8cm

❋尺寸圖

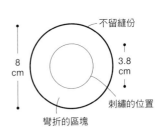

不留縫份
8 cm
3.8 cm
刺繡的位置
彎折的區塊

---

p.125　掛飾

圖案 … p.85

❋材料（一份）
表布
心形　麻（素面）19×10.5cm
雲朵形狀　麻（圓點印花布）26×11cm
厚度為直徑 0.3cm 的鞋繩　各 18cm
棉花

1. 在表布上刺繡。

2. 表布和裏布背面朝外相疊，中間夾入繩子，保留返口並縫合。

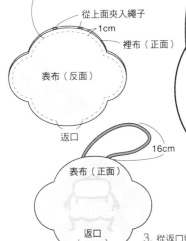

從上面夾入繩子
1cm
裡布（正面）
表布（反面）
返口
16cm
表布（正面）
返口

3. 從返口將布料翻回正面，塞入棉花並封住返口。

❋實際大小的紙型
裁剪時，預留 1cm 縫份

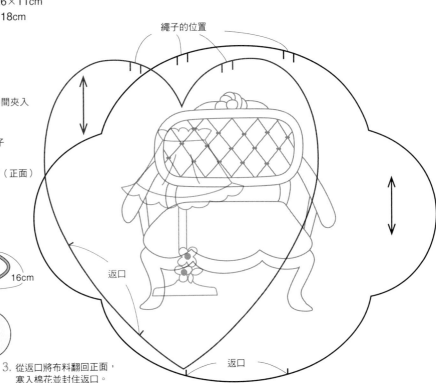

繩子的位置
返口
返口

p.126　眼罩

圖案 … p.115

❈ 材料（紙型 p.141 的下方）
表布／麻（素面）10×18.5cm
裡布／棉（印花布）10×18.5cm
紅豆

1. 在表布上刺繡。

2. 將表布和裡布的反面朝外，相疊
   並縫合，記得保留返口。

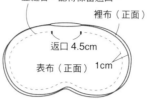
裡布（正面）
返口 4.5cm
表布（正面）　1cm

3. 從返口將布料翻回正面，
   塞入紅豆，並且封住返口。

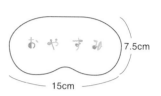
おやすみ
7.5cm
15cm

p.127　歡迎板

圖案 … p.114

❈ 材料
布／麻（素面）邊長 25cm 正方形
刺繡框　直徑 17.5cm

1. 在布料的中央刺繡。

約 8cm
約 2cm

2. 從距離布料外圍 4～5cm 處縮口縫，將
   裝飾用的繡框嵌入布料，將縮口縫的繡線
   拉緊，接著裁剪掉多餘的布料。

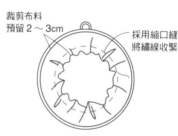
裁剪布料
預留 2～3cm
採用縮口縫
將繡線收緊

WELCOME
17.5cm

p.129　杯墊

圖案 … p.106、107、110、111

❈ 材料（一份）
表布／麻（素面）邊長 11cm 正方形
裡布／棉（印花布）邊長 11cm 正方形

1. 在表布上刺繡。

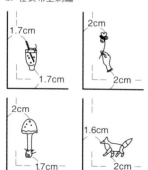
1.7cm
1.7cm
2cm
2cm
2cm
1.7cm
1.6cm
2cm

❈ 尺寸圖
裁剪時，預留 1cm 縫份

9cm
表布
裡布　各一片
9cm

2. 表布和裡布的反面朝外
   相疊，保留返口並縫合。

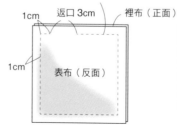
1cm
返口 3cm
裡布（正面）
1cm
表布（反面）

3. 從返口將布料翻回正面，
   封住返口。

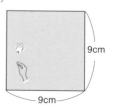
9cm
9cm

※ 材料（一份）

外層布／棉麻（素面）39×18.5cm
內層布／棉（印花布）39×18.5cm
提洛爾花紋織帶　寬 1.5cm×18.5cm

1. 在外層布上刺繡。

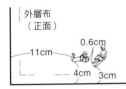

外層布
（正面）

0.6cm
11cm
4cm　3cm

2. 外層布和內層布的背面朝外，
   兩片相疊後將織帶夾在中間，
   保留返口並縫合周圍。

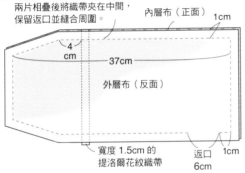

內層布（正面）　1cm
4cm
37cm
外層布（反面）
寬度 1.5cm 的
提洛爾花紋織帶
返口
6cm　1cm

3. 從返口翻回正面，並且縫合返口。

※ 尺寸圖

裁剪時，預留 1cm 縫份

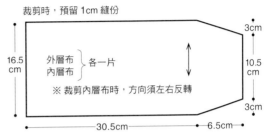

16.5cm
外層布
內層布 } 各一片
※ 裁剪內層布時，方向須左右反轉
3cm
10.5cm
3cm
30.5cm　6.5cm

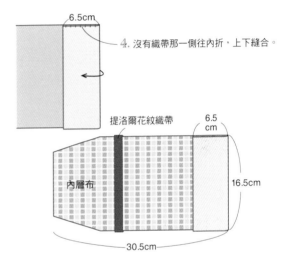

6.5cm

4. 沒有織帶那一側往內折，上下縫合。

提洛爾花紋織帶　6.5cm
內層布
16.5cm
30.5cm

※ 眼罩實際尺寸的紙型

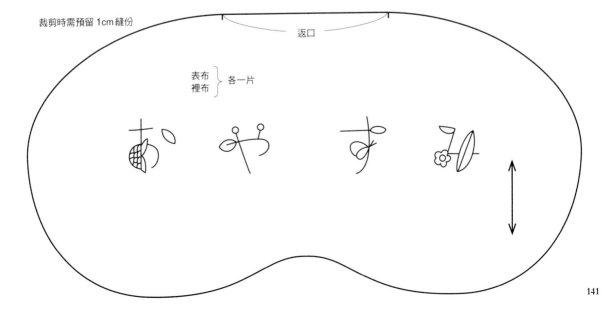

裁剪時需預留 1cm 縫份
返口
表布
裡布 } 各一片

p.130、131 小提包

圖案 … p.21

❀材料（p.130…A、p.131…B）

A
表布／麻（素面）31×40cm
裡布／棉（素面）46×20cm
布襯　46×20cm

B
表布／麻（素面）29×45cm
裡布／棉（素面）43×22.5cm
布襯　43×22.5cm

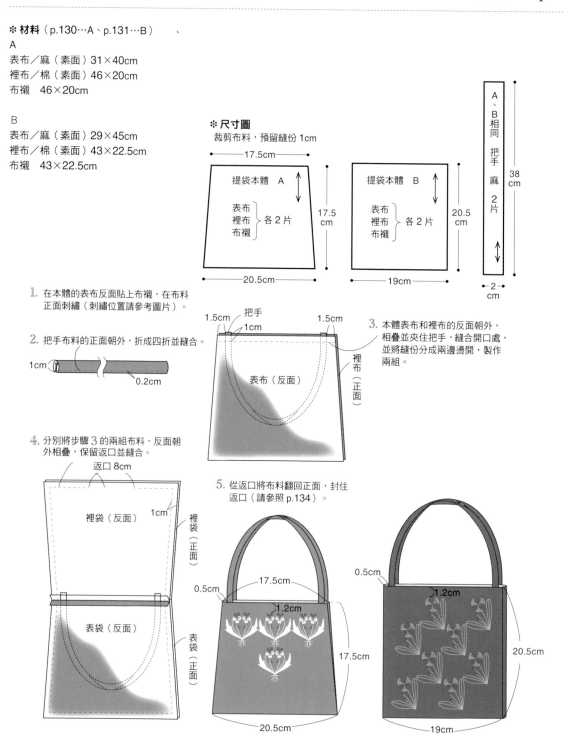

❀尺寸圖
裁剪布料，預留縫份1cm

17.5cm

提袋本體　A
表布
裡布　各2片
布襯

17.5cm

20.5cm

提袋本體　B
表布
裡布　各2片
布襯

20.5cm

19cm

A、B相同　把手　麻　2片

38cm

2cm

1. 在本體的表布反面貼上布襯，在布料
   正面刺繡（刺繡位置請參考圖片）。

2. 把手布料的正面朝外，折成四折並縫合。

1cm　　0.2cm

1.5cm　把手　1.5cm
1cm
表布（反面）
裡布（正面）

3. 本體表布和裡布的反面朝外，
   相疊並夾住把手，縫合開口處，
   並將縫份分成兩邊燙開，製作
   兩組。

4. 分別將步驟 3 的兩組布料，反面朝
   外相疊，保留返口並縫合。

返口 8cm
裡袋（反面）
1cm
裡袋（正面）
表袋（反面）
表袋（正面）

5. 從返口將布料翻回正面，封住
   返口（請參照 p.134）。

0.5cm　17.5cm　1.2cm
17.5cm
20.5cm

0.5cm
1.2cm
20.5cm
19cm

142

❋材料（一份）
表布／麻（素面）20×16cm
裡布／棉（素面）20×16cm
布襯　20×16cm
皮革繩　寬 0.2cm× 約27cm
拉鍊　20cm

❋尺寸圖

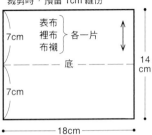

裁剪時，預留 1cm 縫份

表布
裡布 ⎬各一片
布襯

7cm

底

7cm

14cm

18cm

1. 在表布的背面貼上襯布，並在表布上刺繡
　（圖案位置請參考成品圖）。

2. 從拉鍊的開口止位開始，在距離 17cm
　處縫合，多留 1.5cm，其餘裁剪掉。
　接著將止上兩端折起來再縫合。

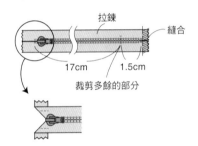

拉鍊

縫合

17cm　　1.5cm

裁剪多餘的部分

3. 表布和拉鍊的背面朝外互
　相交疊，並且暫時固定。

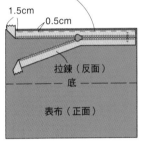

1.5cm

0.5cm

拉鍊（反面）

底

表布（正面）

4. 將步驟 3 表布及裡布的反面朝外，兩
　片疊起來縫合。以底部為對稱軸，反
　面朝外對折，並且縫合另一側。

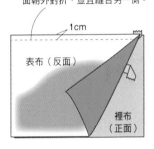

1cm

表布（反面）

裡布
（正面）

5. 對其開口處，保留返口並縫合兩側。

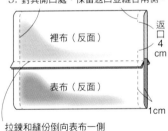

裡布（反面）

表布（反面）

返口
4
cm

1cm

拉鍊和縫份倒向表布一側

6. 從返口翻回正面，並且封住返口
　（請參照 p.134）。

7. 將皮繩穿過拉鍊的孔，繩子對折並打結。

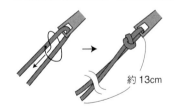

約 13cm

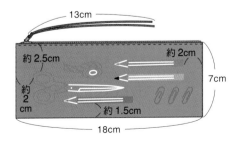

13cm

約2.5cm

約2cm

約
2
cm

約 1.5cm

7cm

18cm

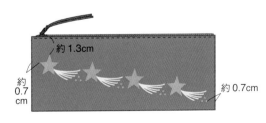

約 1.3cm

約
0.7
cm

約 0.7cm

p.133　眼鏡收納袋

圖案 … p.16、17

❋**材料**（一份）
表布／麻（素面）10×34cm
裡布／棉（素面）10×34cm
布襯　10×34cm
皮革繩　寬 0.3cm×10cm
鈕扣　直徑 1cm

❋**尺寸圖**

裁剪時，預留 1cm 縫份

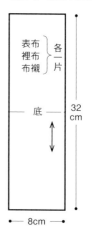

1. 在表布的背面貼上布襯，並在表布上刺繡
（圖案位置請參照成品圖）。

2. 將皮繩暫時固定在表布，表布和裡布
的反面朝外相疊，並且縫合開口處。

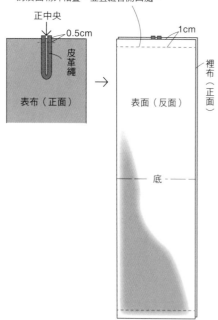

3. 對其開口，保留返口
並縫合兩側。

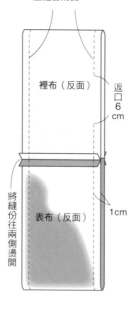

4. 從返口翻回正面，封住返口（請參
照 p.134）。

5. 在表布背面的中間縫上鈕扣。

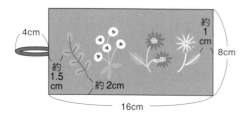

p.8、9 千葉美波子的寶盒

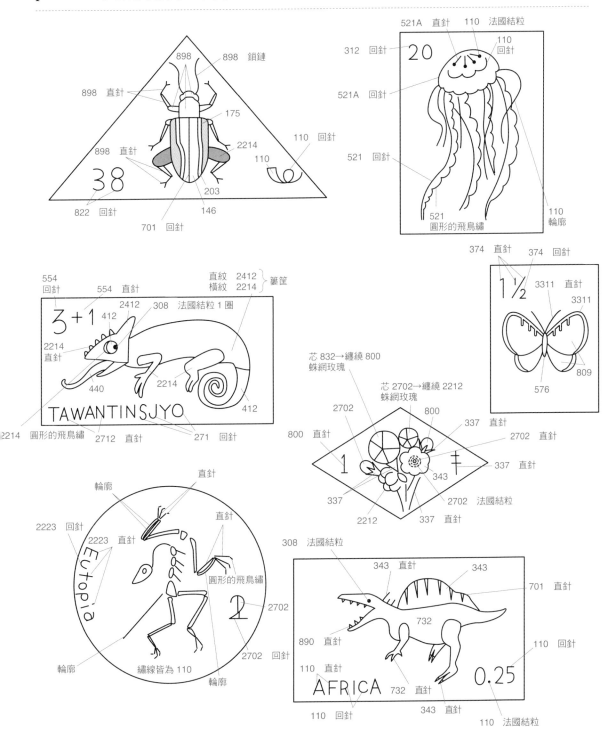

●繡線皆採用日本 Cosmo 牌，分成 2 股　●除指定部分外，其餘皆採緞面繡；法國結粒繡都要在針上繞一圈

繼續前往下一頁　145

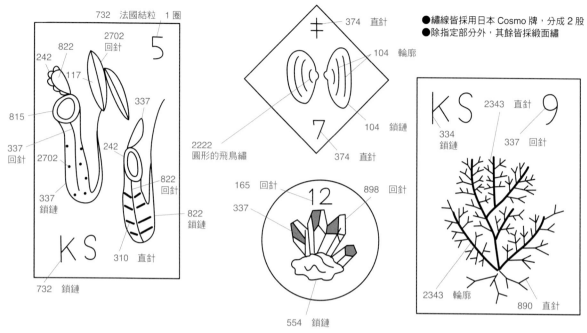

732　法國結粒　1圈

2702　回針

822

242

117

337

815

337　回針

2702

242

337　鎖鏈

822　回針

822　鎖鏈

310　直針

732　鎖鏈

5

KS

374　直針

104　輪廓

104　鎖鏈

2222　圓形的飛鳥繡

374　直針

7

165　回針

898　回針

337

12

554　鎖鏈

●繡線皆採用日本 Cosmo 牌，分成 2 股
●除指定部分外，其餘皆採緞面繡

KS　9

2343　直針

334　鎖鏈

337　回針

2343　輪廓

890　直針

p.2、3　マカベアリス的寶盒

※材料（p.2 的板子）
布／麻（素面）邊長 23cm 正方形　　板子　邊長 15cm 正方形
布襯　邊長 23cm 正方形　　　　　　圖釘，如果有釘槍更好

1. 將布襯貼在布料背面，並進行刺繡
　（位置請參照右頁）。

2. 刺繡面放在下面，板子翻到背面，
　並置於布料中間。

布（反面）

板子（反面）

3. 攤開並拉緊布料，包裹住板子的
　上下左右四邊，並用圖釘固定。

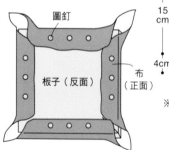

圖釘

板子（反面）

布（正面）

※尺寸圖

4cm　15cm　4cm

4cm

15cm

4cm

刺繡的區塊

23cm

23cm

※p.3 的作品是在貼有布襯的布料上刺繡，
　因此使用比圖案區塊大一圈的布料。

4. 折疊四個角落的布料，
　再用圖釘固定。

板子（反面）

5. 如果要使用打釘槍來固定，則一邊
　拔掉圖釘，一邊打入釘針。

打釘槍

板子（反面）

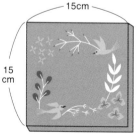

15cm

15cm

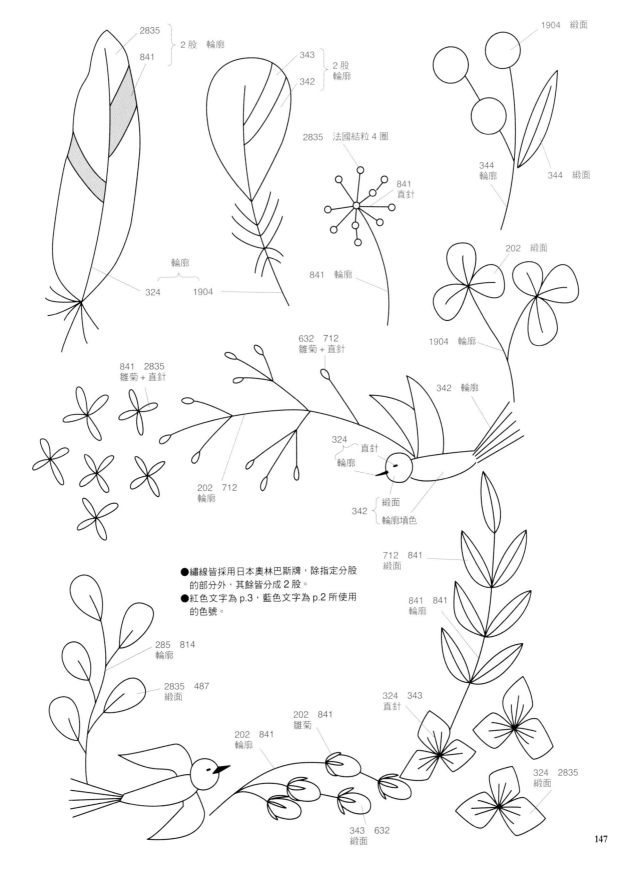

2835
841
2 股　輪廓

343
342
2 股
輪廓

2835　法國結粒 4 圈

841
直針

841　輪廓

1904　緞面

344
輪廓

344　緞面

202　緞面

1904　輪廓

342　輪廓

輪廓
324　1904

632　712
雛菊 + 直針

841　2835
雛菊 + 直針

202　712
輪廓

324　直針
輪廓

342 { 緞面
　　　輪廓填色

712　841
緞面

841　841
輪廓

285　814
輪廓

2835　487
緞面

202　841
輪廓

202　841
雛菊

324　343
直針

324　2835
緞面

343　632
緞面

●繡線皆採用日本奧林巴斯牌，除指定分股
　的部分外，其餘皆分成 2 股。
●紅色文字為 p.3，藍色文字為 p.2 所使用
　的色號。

147

p.4、5 北村絵里的寶盒

※ 材料
布／麻（素面）適量
少許棉花

1. 在布料上刺繡
（圖案位置請參照紙型）。

3. 從返口將布料翻回正面，塞
入棉花並封住返口。
如果是有凹凸曲線的小物，
請在縫份處剪出約 0.8cm
的切口，這樣翻回正面時就
不會縮起來。

返口

塞入棉花並封住返口

（正面）

1cm

表布（反面）

返口 2cm

2. 將兩塊布的反面朝外相疊，
保留返口並縫合。

※ 實物大小的紙型
各準備 2 片布料，裁剪時留 1cm 縫份

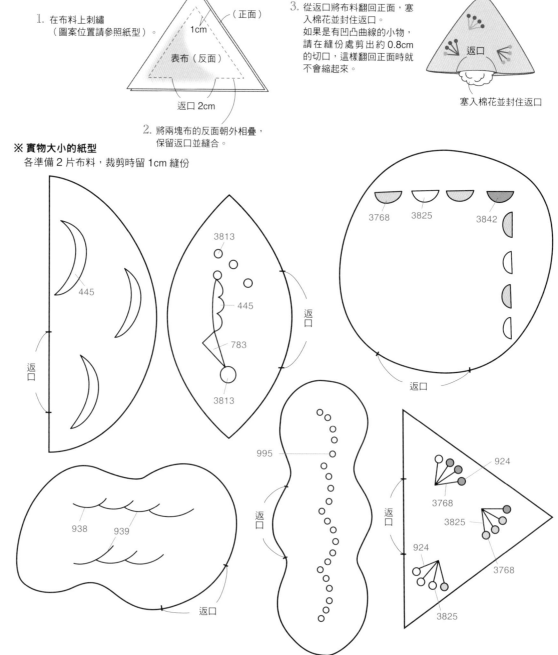

445

返口

3813

445

783

3813

返口

3768   3825   3842

返口

938   939

返口

995

返口

返口

924

3768

3825

924

3768

3825

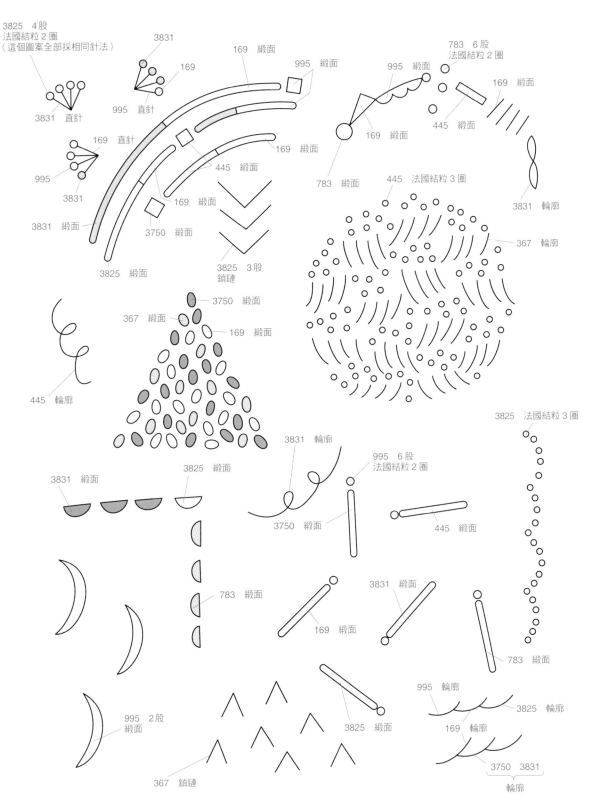

3825　4股
法國結粒 2 圈
（這個圖案全部採相同針法）

3831

169　緞面

995　緞面

783　6股
法國結粒 2 圈

995　緞面

169　緞面

3831　直針

169

445　緞面

995　直針

169　直針

169　緞面

169　緞面

995

445　緞面

169　緞面

783　緞面

445　法國結粒 3 圈

3831

3750　緞面

3831　緞面

3825　緞面

3825　3 股
鎖鏈

3831　輪廓

367　輪廓

3750　緞面

367　緞面

169　緞面

445　輪廓

3825　法國結粒 3 圈

3831　輪廓

995　6股
法國結粒 2 圈

3831　緞面

3825　緞面

3750　緞面

445　緞面

783　緞面

169　緞面

3831　緞面

783　緞面

995　輪廓

995　2股
緞面

3825　緞面

3825　輪廓

169　輪廓

3750　3831

輪廓

367　鎖鏈

p.6、7 tam-ram 的寶盒

❊ 材料
布料素面、適量的印花布
少許棉花

1. 在布料上刺繡
   （圖案位置請參照右圖）。

2. 兩片布料的反面朝外相疊，
   保留返口並縫合。

3. 從返口將布料翻回正面，
   塞入棉花並封住返口。

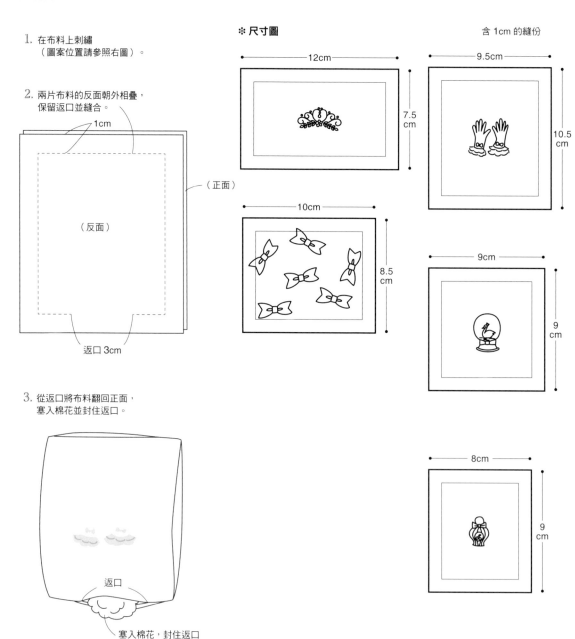

❊ 尺寸圖　　　　　　　　　　　　　　　含 1cm 的縫份

12cm　　7.5cm

9.5cm　　10.5cm

10cm　　8.5cm

9cm　　9cm

8cm　　9cm

1cm
（正面）
（反面）
返口 3cm

返口
塞入棉花，封住返口

金色
964　輪廓
3864
3865　1股
17　1股
153
157　761　06
819　1股
直針

964
①951
②3747
③BLANC

3326　1股
775
159　1股
輪廓
778　1股
輪廓
819

912　1股
778
BLANC
210　輪廓
回針
957　1股

BLANC　BLANC　法國結粒
340　輪廓

3865
長短
778
340　1股
輪廓
503
輪廓
157
輪廓

銀色
✳
819
✳
834
輪廓

834　1股
鎖鏈
3608　1股
959　1股

26　1股
3608　1股　鎖鏈
Love♡
06　1股
BLANC　輪廓
964
3865
3024　輪廓填色
3823
210　輪廓
964　1股
直針

BLANC
直針
3326

153
543　輪廓　543
451　1股
993
3078　828
3865
ECRU　輪廓
963　法國結粒
ECRU
603
3747
耳朵內部和腳底是224

17　1股
直針
788　1股
直針
3756
340
BLANC
598
967
168
26　1股　直針
BLANC　1股　直針

●繡線皆採用法國DMC牌，除指定分股的部分外，其餘皆分成2股
●除指定部分外，其餘皆採緞面繡；法國結粒繡都要在針上繞兩圈

151

刺繡的必備工具

刺繡針

使用日本可樂牌法國刺繡針。不同編號的刺繡針，大小和長度各有差異，編號數字愈大針愈細。像照片中這種同時包含多種刺繡針的款式很方便。

法國刺繡針編號	25 號繡線的股數
No.6	3～4 股
No.7	2～3 股
No.8	1～2 股

刺繡剪

裁剪繡線要使用前端較細的剪刀，而不是裁縫剪刀。

鐵筆

鐵筆。在複寫紙上複寫圖案時使用。可用來替代沒水的油性原子筆。

水消筆

水消筆很方便，可以直接在布料上畫出小圖案，無法複寫在複寫紙上的部分可以用水消筆來補足，是相當便利的工具。

刺繡框

刺繡框套上布料，將布料攤開並拉緊就能刺出漂亮的作品。準備尺寸相差約 2～3cm 的款式，依圖案大小使用不同的刺繡框。有些針法不用刺繡框反而更容易操作，因此刺繡框並非必要工具。暫時用不到時，請取下刺繡框，小心不要在布料上留下繡框的痕跡。

單面複寫紙

手工藝專用的單面複寫紙。建議選用灰色，灰色適用於任何顏色的布料。市面上也有裁縫專用的雙面複寫紙，購買時請多加留意。

OPP 片

清晰透明的塑膠片。描摹圖案的時候，可用來保護描圖紙。

描圖紙

用來描摹圖案。建議選用厚度較薄的款式。

關於 25 號刺繡線

▶ 什麼是 25 號繡線？

25 號繡線是最基本的一種繡線。6 根細細的繡線纏繞在一起（右圖）。從尾端拉出繡線時，請小心不要讓繡線編號的包裝標籤掉下來。

▶ 如何抽取繡線？

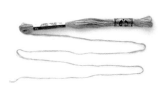 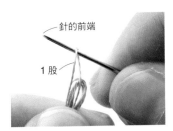 

針的前端

1 股

NG

1. 輕輕地抽出尾端的線，順順地拉出比整束繡線長 2 倍的量。重複抽出兩次後剪下繡線，長度大約是方便用來刺繡的 60cm。

2. 依照指定的繡線股數「～股」進行分股。請用針的前端一條一條地把線勾出來。

請勿一次抽出指定的股數。如果要抽取 3 股，請一條一條地抽出來之後，再將 3 條細線合起來。

▶ 如何穿針引線？

 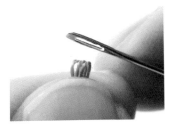 

穿針引線時請先用針將繡線拉起來，這樣線頭會變平坦（中間圖片），更容易穿過針孔。

描圖方法

1. 在描圖紙上描出圖案。

2. 用紙膠帶固定布料和圖案，中間夾一張複寫紙。複寫紙有顏色的那一面和布料放在一起（左圖）。接著放一片 OPP 片在複寫紙上（右圖）。

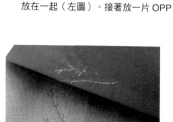

3. 用鐵筆在 OPP 片上描出圖案。

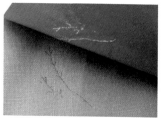

4. 描圖過程可以翻開複寫紙，確認是否有確實印出圖案。翻開確認時，小心不要讓描圖紙偏掉。

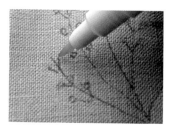

沒有印到的地方再用水消筆補上線條。

開始刺繡

▶ 不打結的作法

在距離第一針 4 ～ 5cm 的地方，從布料正面入針，再從圖案的末端出針。繡線尾端預留 7 ～ 8cm（可穿過針且可完成收線的長度）。

完成刺繡之後，將針穿過一開始刺繡時留下的線，從布的背面出針，將針穿過背面的多個針目，最後再剪掉繡線。

▶ 打結的作法

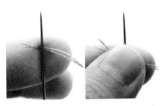  

1. 針的前端壓住繡線（左圖），用拇指和食指壓好針線（右圖）。

2. 壓住針線後，繡線繞針 2 圈。

3. 壓緊纏繞著針的繡線，並且將針抽出來。線的尾端即完成打結（圓形圖示）。

▶ 2 股或 4 股等偶數股數該如何開始？

 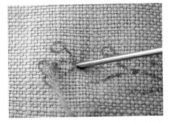 

1. 準備一條比正常長度長一倍的繡線，將繡線對折後，線的尾端穿過針孔。線的另一側會形成一個「圓圈」。

2. 刺入第一針，這時注意不要抽出整條線。請在布的背面留下 2 ～ 3cm 的「圓圈」。

3. 「圓圈」一側的繡線穿過布料的背面。4 股的刺繡則需使用 2 條繡線，以相同的方式操作。

完成刺繡與最後加工

▶ 完成刺繡

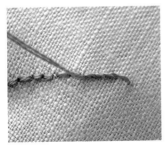

完成刺繡後，在布料背面的針目上穿過數針，完成收線。

▶ 殘留的圖案草稿

如果看得到殘留的圖案線稿，請用沾溼的棉花棒消掉草稿細節。

▶ 加工方法

用熨斗整燙。毛巾的反面朝上，將作品疊在毛巾上方。接著再用稍濕的薄布蓋住作品，用熨斗燙過。壓太用力會破壞刺繡的質地，請特別留意。

刺繡針法圖鑑

輪廓繡

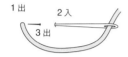 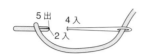 

1. 由左而右。從一個針目的位置，返回半個針目並出針。

2. 「2入」和「5出」為相同位置。

反面是回針繡。

輪廓填色繡

先刺出圖案的輪廓，再沿著輪廓往內側刺繡。

直針繡

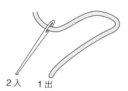

回針繡

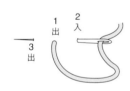 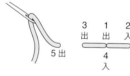

1. 由右而左。從一個針目的地方出針，接著在距離2針目處出針。

2. 回針繡的技巧和回針縫相同，重複步驟。

繞線回針繡

在刺好的回針繡上，以另一條線挑起回針繡的線，穿過針目並繞繞回針繡的線。

鎖鏈繡

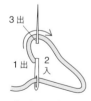 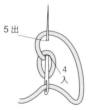

1. 「1出」和「2入」的位置相同。在「3出」的出針位置以繡線繞針。

2. 把針拉出來後，再從「3出」的位置入針（「4入」）。

3. 繡線皆以相同的方向繞針。

平針繡

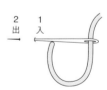

平針繡的技巧和平針縫相同。

釘線繡

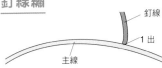

釘線
1 出
主線

2 入

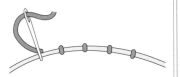

1. 將主線放在圖案上，用另一條釘線來固定主線。

2. 釘線垂直通過主線。

3. 以相同的間隔距離固定主線。主線和釘線皆從背面出針收線。

緞面繡

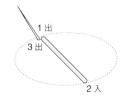

1 出
3 出
2 入

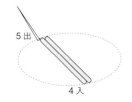

5 出
4 入

1. 從圖案中央開始，朝左右兩側進行刺繡。

2. 繡線並排，以平行的方式刺繡，中間不要留下空隙。

3. 刺到圖案末端後，再從布料反面穿過針目，從中間開始刺出另一側的區塊。

長短繡

1. 和緞面繡一樣從中間開始往兩側刺繡，但差別在於長短繡的長度不一。

2. 第一層和第二層之間不能有空隙，第二層以同樣的方式刺繡。

3. 重複步驟，刺出第三層。刺繡範圍變窄時，則減少針目數量。

簍筐針法

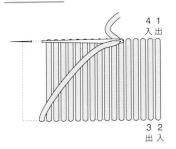

4 1
入 出
3 2
出 入

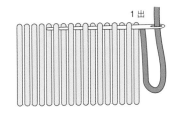

1 出

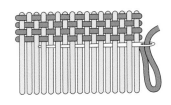

1. 縱向刺繡，填滿圖案。

2. 用十字繡針等前端較圓的針，以橫向交錯的方式穿過縱線，針不要穿過布料。

3. 形成平紋組織的樣式。

毛邊繡

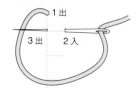 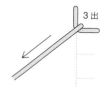 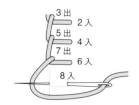

1. 「3出」位於「1出」的正下方。

2. 穿過並拉動繡線以調整針目。

3. 以相同距離的針目接續刺繡。

法國結粒繡

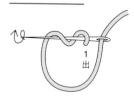  

1. 繡線繞針，圖示中繞了2圈。

2. 在「1出」的旁邊入針，入針時小心不要讓繞圈的繡線鬆掉。

3. 繡線繞圈的部分拉近布料，一邊穩住針頭，一邊從後方拉動針頭。

雛菊繡

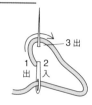

1. 「1出」和「2入」的位置相同。繡線從出針的地方順時針繞過針。

2. 拉動針頭，在「4入」的地方入針以固定圓環。

「2入」到「3出」的步驟中，挑起布料的長度，或是針拉動的鬆緊程度會改變刺繡的樣式。

飛鳥繡

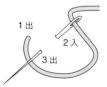 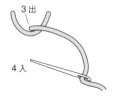

刺出圓形的樣式

1. 從「3出」出針，用針頭壓住繡線。

2. 從「4入」入針以固定穿過來的繡線。

3. 以長針目固定會形成Y形，以短針目固定則形成V形。

讓穿過去的繡線放鬆，就能形成圓弧線條，兩組拼在一起就能刺出圓形的樣式。

捲線繡

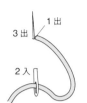  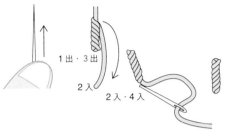

1. 刺好針目的長度之後，再返回「1出」並出針（「3出」）。

2. 繡線繞針，一直繞圈繞到針的末端。須配合「1出」到「2入」之間的長度，以調整纏繞的圈數。

3. 用手指壓住繞圈的部分，以免繡線鬆掉，並且抽出針頭。接著將針往前拉，再往下拉。拉緊繡線避免鬆脫，再從「2入」的旁邊入針（「4入」）。

斯麥納繡

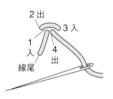 

背面的針目

1. 刺出圓圈。

2. 最後剪掉圓圈的前端。背面形成回針繡。

蛛網玫瑰繡

1. 先刺出一個飛鳥繡，將繡線纏繞在Y字型的凹槽間，形成5根主線。

2. 從中心點的旁邊出針，接著交互纏繞5根主線。一直繞到看不見主線為止。

3. 繞到看不見主線為止。

肋骨蛛網繡

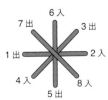 

1. 首先刺出放射狀的主線。

2. 從中心點的旁邊出針，回到上一根主線，並且一次穿過2條主線的下方。

3. 再返回一條主線，穿過2條主線的下方。

4. 重複步驟，針頭繼續纏繞主線，依序穿線。

著者

北村絵里（coL）
曾任職於服飾公司，後來開始刺繡創作，製作各種刺繡飾品或小物。著有《coL の小さな刺しゅう》（日本 VOGUE 社）。
http://col-col.net/

千葉美波子（クロヤギシロヤギ）
以設計英文字母為創作主軸，從針對新手的圖樣到顯為人知的技法，創作了大量的刺繡作品。著有《はじめての恐竜刺しゅう》（X-Knowledge）等書。
https://kuroyagishiroyagi.com/

刺繡圖案　設計、製作

tam-ram（田村里香）
在充滿喜愛事物的工作室裡展示並販售作品，亦有開設刺繡課程。著有《tam-ram のお砂糖みたいな甘い刺しゅう》（日本 VOGUE 社）。
https://tamram.exblog.jp/

マカベアリス
活躍於多項領域，其中包含提供作品給手工藝雜誌、舉辦個展、擔任工作坊的講師等。著有《野のはなとちいさなとり》（ミルトス）、《植物刺繡手帖》（日本 VOGUE 社）等書。
https://makabealice.jimdofree.com/

攝影　　　　　寺岡みゆき
造型　　　　　鈴木亜希子
描摹　　　　　下野彰子
設計　　　　　橘川幹子
刺繡修正　　　下長根朗子
作法說明　　　吉居瑞子
編輯、原稿製作　山本晶子
編輯協力　　　株式会社シーオーツー
　　　　　　　（奥山繭子）

素材提供
ディー・エム・シー株式会社
http://www.dmc.com/jp/

オリムパス製絲株式会社
https://www.olympus-thread.com

株式会社ルシアン（コスモ刺しゅう糸）
https://www.lecien.co.jp/

中商事株式会社
https://www.fabricbird.com/

人氣刺繡師超可愛刺繡作品 740 款

著　　者／北村絵里・tam-ram（田村里香）・千葉美波子・マカベアリス
翻　　譯／林芷柔
發　　行／陳偉祥
出　　版／北星圖書事業股份有限公司
地　　址／234 新北市永和區中正路 458 號 B1
電　　話／886-2-29229000
傳　　真／886-2-29229041
網　　址／www.nsbooks.com.tw
E-MAIL／nsbook@nsbooks.com.tw
出版日／2021 年 8 月
ISBN／978-957-9559-85-0
定　　價／450 元

如有缺頁或裝訂錯誤，請寄回更換。

國家圖書館出版品預行編目 (CIP) 資料

人氣刺繡師超可愛刺繡作品 740 款 / 北村絵里・tam-ram（田村里香）・千葉美波子・マカベアリス著；林芷柔翻譯 . -- 新北市：北星圖書事業股份有限公司，2021.08
160 面；18.5x23.3 公分
ISBN 978-957-9559-85-0（平裝）

1. 刺繡　2. 手工藝

426.2　　　　　　　　　　110004251

臉書粉絲專頁　　　　LINE 官方帳號